VTS와 함께 만들어 나가는 희망의 바다

선박운항자 교육

해양경찰청
한국도선사협회
한국선주협회

해광출판사

목 차

Ⅰ. 선박교통관제의 목적 · 용어

1. 해상에서의 인명안전을 위한 국제협약
2. 국제항로표지협회 선박교통관제 매뉴얼
3. 선박교통관제에 관한 법률

01 해상에서의 인명안전을 위한 국제협약(SOLAS)

가. VTS의 목적

□ VTS의 목적은 항해의 안전과 효율성 향상, 해상의 인명안전, 해양환경과 또는 해상교통환경에서 발생 가능한 위험으로부터 인접한 해안지역, 작업장, 연안 시설물의 보호를 증진시키는 것이다.

□ VTS 이행의 이점은 이동 선박을 식별, 이동사항의 확인, 관제구역내 전체적인 통항의 흐름 파악, 항해 정보의 제공, 적절한 지원의 제공이다. 또한 오염을 예방하고 오염 대응의 조정을 지원할 수 있다.

□ VTS의 효율성은 통신의 지속성과 신뢰성, 정확한 정보를 제공하는 것이다. 사고예방 효과성은 위험으로 진행되는 상황을 탐지하는 시스템적인 능력과 그러한 위험경고를 제때에 줄 수 있는 능력을 말한다.

나. VTS 관련 용어

□ **해상교통관제(Vessel Traffic Service)** 관할당국에 의하여 환경의 보호, 선박통항의 안전과 효율성을 증진하기 위하여 이행되는 업무이다. 이 업무는 VTS 구역내의 변화하는 교통 상황에 대응할 수 있고 통항에 개입할 수 있는 능력이 있어야 한다.

□ **관할 당국(Competent authority)** 환경의 보호, 선박통항의 효율성 및 환경의 안전을 포함하여 안전을 위한 정부에 의해 전체 또는 부분적으로 책임을 질수 있는 정부

□ **VTS 당국(VTS authority)** 서비스의 효과적인 준비와 안전, 관제대상선박의 개입, VTS의 운영과 조정, 관리에 관하여 책임질 수 있는 정부

□ **VTS 구역(VTS area)** 윤곽이 되고 일반적으로 선포된 VTS 서비스 구역. VTS 구역은 하부구역, 섹터로 나누어 질 수 있음

□ **VTS 센터(VTS centre)** VTS가 운영되는 장소. VTS의 각 하부 구역은 하부센터를 가질 수 있음

□ **VTS 관제사(VTS operator)** VTS 업무에 기여하여 하나 또는 그 이상의 업무를 수행할 수 있는 적절한 자격을 갖춘 사람

□ **VTS 항해 계획(VTS Sailing Plan)** VTS 구역내 선박의 이동과 관련된 VTS 당국과 선장 간 합의된 계획

□ **VTS 교통 전시(VTS traffic image)** VTS 구역내 선박의 이동과 표면적 그림

□ **VTS 서비스(VTS services)** VTS는 최소한 하나의 정보제공서비스(INS)로 구성되어야 하며, 항해지원서비스(NAS) 또는 교통관리서비스(TOS)를 포함할수 있으며 다음과 같다.

- **정보제공서비스(INS)**는 항해선박의 의사결정을 위해 적시에 활용가능한 필수 정보를 제공해 주는 서비스이다.
- **항해지원서비스(NAS)**는 항해선박의 의사결정을 지원하고 그 영향을 모니터링하는 서비스이다.
- **교통관리서비스(TOS)**는 해상교통 위험 상황을 방지하고 VTS 구역내 선박의 효율적인 이동과 안전을 제공하는 서비스이다.

☐ **연계 서비스(Allied services)** VTS 구역에서 선박의 효율적인 통항과 안전을 포함한 적극적인 서비스이다.

☐ **위험 화물은 다음을 포함한다 :**

- ○ 국제해사위험화물(IMDG) 코드에서 분류된 화물;
- ○ 벌크(IBC) code에 위험 케미컬을 운반하는 선박의 구조와 설비에 관한 IMO 국제코드 17장에 분류된 물질, 벌크 code의 액화가스를 운반하는 선박의 구조와 설비에 관한 IMO 국제코드 19장에 분류된 물질
- ○ MARPOL 부속서 I에 정의된 유류
- ○ MARPOL 부속서 II에 정의된 유해액체물
- ○ MARPOL 부속서 III에 정의된 유해물
- ○ 방사선 원자연료, 플라토늄, INF 코드의 높은 수준의 방사선 폐기물의 안전한 운반을 위한 코드로 지정된 방사선 물질

02 국제항로표지협회(IALA) 선박교통관제 매뉴얼

가 VTS의 목적

□ VTS의 기능

VTS는 해상의 인명안전, 항행의 안전과 효율성, 해상교통이 미칠 수 있는 악영향으로부터 해양환경, 인근 해안지역, 작업장 및 연안해상설비를 보호하는데 기여한다. <SOLAS 제5장 12조>

□ VTS 소개

○ 기본적으로 VTS는 3가지의 중요한 목적을 가진다

1. 항행 가능한 항로를 선원이 안전하게 이용하도록 지원
2. 상업적 활동 및 레저 활동에 방해 되지 않는 접근을 가능하게 함
3. 해상과 주변 환경을 오염으로부터 보호하는데 기여

○ VTS는 일반적으로 연안 해역 특히 선박이 밀집하는 지점 및 항구의 접점과 어귀에서 잠재적인 위험을 고려한 것이다. VTS의 이점은 그 가치가 상당하여 적절히 실행 된다면 구축 비용보다 높은 가치를 가질 수 있다.

○ IMO는 잠재적으로 위험이 높은 구역 관리와 환경 보호를 위한 유용한 도구로서 VTS의 중요성과 가치를 인식하고 있다.

○ 체약 당사국은 통항량과 위험의 정도록 보아 VTS의 타당성이 있다고 판단하는 지역에 VTS 구축을 위한 준비에 착수한다.(SOLAS 제5장 규칙12)

○ VTS를 계획하고 실행할 때 체약 당사국은 가능한 한 VTS에 대한 IMO 지침서(IMO 결의안 A.857(20))을 준수하여야 하며 기국선이 VTS 규정에 동참하고 이를 준수하도록 유도하는 노력을 기울여야 한다.

나 VTS 관련 용어

□ **사고(Accident)** 뜻하지 않은 사건으로 인한 사망, 상해, 선박의 손실이나 파손, 자산의 소실이나 파손 혹은 환경 파괴

□ **항로표지(Aid to Navigation)** 선원이 선위와 항로를 확인하도록 돕고 장애나 방해물에 대한 위험을 경고 하거나 최적의 항로 혹은 바람직한 항로의 위치를 외부 선박으로 알려 주는 장치나 시스템

□ **선박자동식별장치(AIS, Automatic Identification System)** AIS는 자율적이고 지속적으로 정보를 송출하는 시스템으로 VHF 해상이 동대역에서 작동하여 다른 선박이나 해안 기지국에서 모니터링 할 수 있다. AIS를 설치한 선박은 위치, 대지침로, 대지 속력, 자이로 침로 등의 정보를 단문으로 계속 전송하기 때문에 전 세계 어디에서 만나든 해안 기지국에 의존하지 않고 서로를 인지하고 위치를 추적 할 수 있다.

□ **역량(Competence)** 규정된 작업이나 의무를 효과적으로 수행할 수 있는 능력

□ **관할관청(Competent Authority)** 환경 안전, 해상교통의 효율, 그리고 환경보호 등의 안전을 위해 전체 혹은 일부에 대한 책임을 지도록 정부가 지정한 관청

□ **전자항법(e-Navigation)** 선박의 항해 완성과 관련 서비스를 향상시키고 바다에서의 안전과 보안 및 해양 환경의 보호를 강화하기 위해 전자적인 수단으로 선박과 육상의 해양정보를 조화로운 방법으로 수집, 통합 및 표현

□ **출입금지구역(Exclusion Zone)** 승인 받지 않은 선박은 규제되는 범위 내의 지리적 영역, 출입금지 구역의 크기와 향태는 금지사유에 따라 다양하다.

☐ **위험 화물(Hazardous Cargoes)** 위험화물에 해당하는 내용은 다음과 같다.: 국제해상위험물규칙(IMDG Code)에서 분류한 제품. 해양오염방지협약(MARPOL)에서 규정한 기름, 유독하거나 유해한 성분. 선박에 의한 방사성 물질의 안전운반에 관한 국제규칙(INF Code)에 등록 된 방사성 물질

☐ **사건(Incident)** 규정 불이행과 같은 일로 사고처럼 심각한 정도는 아니다.

☐ **해사원조서비스(MAS, Maritime Assistance Service)** MAS는 선박 사고 발생 시 사고의 보고를 받고 사고가 발생한 연안 당국과 선장 간의 연락창구 역할을 하는 것을 의미한다.-IMO 총회 결의서 A.950(23) 참조

☐ **현장직무교육(OJT, On the JOb Training)** 해당 선박교통관제센터에서 고용될 직원에게 제공하는 교육 및 친숙화 과정. 이 과정에는 선박교통관제센터의 특정 업무에 관한 교육, 사용 시설 및 설비에 관한 교육 그리고 해당 지역의 지형 및 적절한 통항 규정과 절차가 포함된다.

☐ **대피지(Place of Refuge)** 원조가 필요한 선박이 배의 상태를 안정시키고 항해의 위험을 감소시키기 위한 조치를 할 수 있으며 인명과 환경을 보호 할 수 있는 곳. <IMO 총회 결의서 A.949(23) 참조>

☐ **보수교육(Refresher Training)** 특정 선박교통관제센터가 제공하는 업무의 능숙도가 적절히 유지되고 있는지 확인하기 위해 관할 관청 혹은 선박교통관제 기관이 요구하는 교육. 예를 들면, 업무를 중단한 적이 있거나 신규 기계를 설치하거나 신규 작업 절차가 도입된 경우 등이다.

☐ **갱신교육(Revalidation Training)** 선박교통관제사 증서를 갱신하기 위해 관할 관청 혹은 선박교통관제 기관이 요구하는 교육, 갱신교육 기간은 관할 관청 혹은 선박교통관제 기관이 결정한다.

☐ **선박점용(Ship Domain)** 선박의 상하 및 사방에 이르는 운영 구역으로 고정되어 있거나 움직이는 물체 또는 다른 선박의 점용 지역이 갑자기 나타나 반응을 하거나 조치를 해야 하는 범위 내의 운영 지역

☐ **선박안전지대(Ship Safety Zone)** 승인 받지 않은 다른 모든 선박이 규제되는 범위 내의 선박 주변 구역

☐ **이해관계자(Stakeholder)** 직접적인 이해관계가 있는 사람들이 속한 조직이 내린 결정, 활동 혹은 정책으로 인해 영향을 주고 받거나 혹은 영향을 받는다고 생각하는 개인, 단체 혹은 조직

☐ **선박교통관제제도(Vessel Traffic Service)** 해상교통의 안전과 효율을 개선하고 환경을 보호하기 위해 지정된 관할 기관이 수행하는 업무. 해당 업무를 하기 위해서는 운항하는 선박들과 원활히 교류하고 관제구역에서 발생하는 해상교통 상황에 대한 대응 능력이 있어야 한다.<IMO 총회 결의안 A.857(20) 참조>

☐ **선박교통관제 기관(VTS Authority)** 선박교통관제제도의 경영, 운용 및 조정 업무를 하고, 참여 선박들과 연락을 하며 안전하고 효과적인 서비스 제공을 할 책임이 있는 기관

☐ **선박교통관제구역(VTS Area)** 선박교통관제제도의 업무 영역은 상세히 기술되어 공식적으로 고시 되었다. 선박교통관제구역은 하위 영역이나 분야로 세분화 될 수 있다.

☐ **선박교통관제센터(VTS Centre)** 선박교통관제제도가 운용되는 센터. 선박교통관제제도의 각 하위 영역이 각 하위 센터를 가질 수 있다.

☐ **선박교통관제 증서기록부(VTS Certification Log)** 관할 관청 혹은 선박교통관제 기관이 선박교통관제 직원에게 수여한 증서 및 배서와 관련한 선박교통관제 기록. 예를 들면, 해당 기록은 기록자의 형태거나 증서 자체를 별도로 보관할 수 있다.<IALA 권고사항 V-103>

☐ **해상교통관리자(VTS Manager)** 선박교통관제 조직 일부는 지역 혹은 항만관리기관에 접속하여 업무를 관장하는 관리자의 임명이 필요할 수도 있다. 그러한 상황에서는 해상교통관리자는 관할 기관을 만족시키는 관리 자격증을 소지하여야 한다.

☐ **선박교통관제사(VTSO, VTS Operator)** 적절한 자격을 갖춘 자로 선박교통관제 기관을 대신하여 선박교통관제 업무를 수행한다.

☐ **선박교통관제사 과정이수 증서(VTS Operator Course Certificate)** 공인된 선박교통관제 교육기관에서 IALA 과정 V103/1 선박교통관제사 교육을 성공적으로 이수하면 수여되는 증서. 해당 과정의 증서만으로는 선박교통관제사의 업무를 할 수 있는 권한이 부여되지 않는다.

☐ **선박교통관제 인력(VTS Personnel)** 선박교통관제 운용에 관한 교육을 이수하고 관할 관청에서 요구하는 자격증을 소지하였으며 선박교통관제사로 활동한 자. 선임선박교통관제사 및 선박교통관제센터의 현장직무교육 강사. 선박교통관제 인력에는 선박교통관제센터 관리자와 기술 지원 업무를 수행할 수 있는 면허를 소지한 기술 지원 인력이 포함될 수 있다.

☐ **VTS 항해계획(VTS Sailing Plan)** 선박교통관제구역에서 선박의 움직임에 관해 선박교통관제 기관과 선장이 상호 동의한 계획

☐ **선임선박교통관제사(VTS Supervisor)** 자격증을 소지하고 선박교통관제 기관을 대신하여 선박교통관제센터에서 관리감독의 직무를 수행하는 선박교통관제사

□ **선임선박교통관제사 증서(VTS Supervisor Course Certificate)** 선임선박교통관제사 증서는 공인된 선박교통관제 교육 기관에서 IALA V-103/2 선임선박교통관제사 교육과정을 성공적으로 이수하면 수여 된다. 해당 과정의 증서만으로는 선임선박교통관제사의 업무를 할 수 있는 권한이 부여 되지 않는다.

□ **선박교통관제 교통영상(VTS Traffic Image)** 선박교통관제 교통영상은 선박의 표면 사진과 관제구역에서의 선박 움직임을 담고 있어 관제사가 상태를 평가하고 적절한 결정을 내리는데 도움을 준다.

03 선박교통관제에 관한 법률

1. VTS의 목적

□ 선박교통관제에 필요한 사항을 규정함으로써 선박교통의 안전 및 항만운영의 효율성을 높이고 해양환경을 보호하는 데 이바지함을 목적으로 한다.

2. VTS 관련 용어

□ **선박교통관제** 선박교통의 안전을 증진하고 해양환경과 해양시설을 보호하기 위하여 선박의 위치를 탐지하고 선박과 통신할 수 있는 설비를 설치·운영함으로써 선박의 동정을 관찰하며 선박에 대하여 안전에 관한 정보 및 항만의 효율적 운영에 필요한 항만운영정보를 제공하는 것을 말한다.

□ **선박교통관제구역** 선박교통관제를 시행하기 위하여 해양경찰청장이 해양수산부장관과 협의하여 고시하는 수역을 말한다.

□ **선박교통관제사** 해양수산부령으로 정하는 자격을 갖추고 선박교통관제를 시행하는 사람을 말한다.

> 선박교통관제업무를 위한 "해양수산부령으로 정하는 공무원"이란 해양경찰청 소속 공무원 중 다음 각 호의 어느 하나에 해당하는 사람을 말한다.
> 1. 「선박직원법」 제4조에 따른 5급 항해사 이상의 면허를 취득한 사람으로서 면허 취득 후 승무경력이 1년 이상인 사람
> 2. 「국가기술자격법」에 따른 무선설비·전파전자통신 또는 정보통신 산업기사 이상의 자격을 가진 사람

Ⅱ. 통신절차 및 정보 교환 방법

1. 선박교통관제관서별 신고 방법 및 통신주파수
2. VTS와 해상통신
3. 해양사고 발생 시 보고 및 대응 절차

01 선박교통관제관서별 신고 방법 및 통신주파수

가 중부지방해양경찰청

□ 경인연안 해상교통관제센터

운영개요 Overview

호출명칭 Name of Call	적용 항만(수역) Application Port(Water)	VHF 통신 채널 Assigned VHF Channel	관제구역 면적(㎢) VTS Area Extent	전 화 Tel	전 송 Fax	운영 시간 Operating Hours
경인 연안 브이티에스 Gyeongin Coastal VTS	경인 연안 VTS 관제구역 Gyeongin Coastal VTS area	CH.71, CH.16(Emergency and calling)	4,746㎢	(032) 728-8756	(032) 728-8956	24시간 24 hours

관제대상 선박 Category of vessels required to report

- 국제항해에 종사하는 선박
- 총톤수 300톤 이상의 선박(단, 내항어선은 제외)
- 「해사안전법」제2조제6호에 따른 위험화물 운반선
- 부선이나 구조물을 끌거나 밀어서 이동시키는 선박자동식별장치(AIS)를 설치한 예인선
- 여객선
- 총톤수 2톤 이상의 선박자동식별장치(AIS)를 설치한 유선
- 총톤수 300톤 미만의 선박자동식별장치(AIS)를 설치한 다음 어느 하나에 해당하는 선박
  - 공사 또는 작업에 종사하는 선박
  - 해양조사선·순찰선·표지선·측량선·어업지도선·시험조사선 등 행정목적으로 운영하는 관공선

- Vessels engaged in international voyage
- Vessels of more than 300 G/T.[Except coastwise fishing vessels]
- Vessels carrying hazardous cargo prescribed in article 2 of the Enforcement regulation of maritime safety Act
- Towing vessels installed with AIS device which maneuver barges or floating structures by pushing or towing
- Passenger ship
- Ferries over 2G/T installed with an AIS device
- In any of the following one that Vessel under 300G/T installed with AIS device
  - Vessels engaged in constructing or work
  - Administrative service vessels such as ocean research ships, patrol ships, lighthouse and buoy tender, surveying ships fisheries guidance ships and test ships

보고절차 Reporting procedures

진 입 보 고 : 관제구역 진입 시

보 고 내 용 : 선명, 호출부호, 출항지, 목적지, 통과위치, 화물종류 및 적재톤수, 기타 안전항행에 필요한 사항

진 출 보 고 : 관제구역 진출 시

보 고 내 용 : 선명, 통과위치

Entering Report : When entering by VTS areas

Report Items : Ship's name, call sign, Last port of call, Destination, Passing position, Type and quantity of cargo, etc.

Leaving Report : When leaving by VTS areas

Report Items : Ship's name, Present position

준수사항 Compliance provisions

- 관제구역 내 모든 선박은 보고체제 및 관련 규정을 따라야 한다.
  - 관제구역 내 모든 선박은 VHF CH.71을 청취하여야 한다.
  - 관제구역 내 모든 선박은 국제해상충돌예방규칙을 준수하여야 한다.
  - 항해 중 항로표지시설의 이상 발견 시 즉시 통보해야 한다.

- All vessels in the VTS area should follow the reporting system and relevant regulations.
  - All vessels in the VTS area should watch on VHF CH 71.
  - All vessels in the VTS area should observe Regulations[COLREGs'72]
  - All vessels recommended to report immediately to VTS center when the abnormalities of aids to navigation are found

□ 태안연안 해상교통관제센터

운영개요 Overview

호출명칭 Name of Call	적용 항만(수역) Application Port(Water)	VHF 통신 채널 Assigned VHF Channel	관제구역 면적(㎢) VTS Area Extent	전 화 Tel	전 송 Fax	운영 시간 Operating Hours
태안 연안 브이티에스 Taean Coastal VTS	태안 연안 VTS 관제구역 Taean Coastal VTS Area	CH.09(Main) CH.16(Emergency and calling)	2,237㎢	(041) 950-2552,2352	(041) 950-2452	24시간 24 hours

관제대상 선박 Category of vessels required to report

- 국제항해에 취항하는 선박
- 총톤수 300톤 이상의 선박(단, 내항어선은 제외한다)
- 「해사안전법」제2조제6호에 따른 위험화물운반선
- 부선이나 구조물을 끌거나 밀어서 이동시키는 선박자동식별장치(AIS)를 설치한 예인선
- 여객선
- 총톤수 2톤 이상의 선박자동식별장치(AIS)를 설치한 유선
- 총톤수 300톤 미만의 선박자동식별장치(AIS)를 설치한 다음 어느 하나에 해당하는 선박
  - 공사 또는 작업에 종사하는 선박
  - 해양조사선·순찰선·표지선·측량선·어업지도선·시험조사선 등 행정목적으로 운영하는 관공선

- Vessels engaged in international voyage
- Vessels of more than 300 G/T(except for fishing boats engaged in the inner harbor)
- Vessels carrying hazardous cargo defined in Subparagraph 6 of Article 2 of the Maritime Safety Act
- Towing vessels installed with AIS devices which maneuver barges or floating structures by pushing or towing
- Passenger ships
- Ferries over 2 G/T installed with an AIS device
- In any of the following one that Vessel under 300 G/T installed with AIS devices Towing vessel defined in Subparagraph 4 of Article 2 of the Act on the Arrival, Departure, ETC. of Vessels
  - Vessels engaged in harbor construction work
  - Operating for the purpose of administrative , Maritime survey ships, Patrol boats, Navigation aid ships, Survey ships, Fishery inspection boats, Test survey ships

보고절차 Reporting procedures

진 입 보 고 : 관제구역 진입 시
보 고 내 용 : 선명, 호출부호, 출항지, 목적지, 통과위치, 화물종류 및 적재톤수, 기타 안전항행에 필요한 사항
진 출 보 고 : 관제구역 진출 시
보 고 내 용 : 선명, 호출부호, 통과위치

Entering Report : On passing by reporting line
Repot Items : Ship's name, callsign, Last port of call, Destination, Passing position, Type and quantity of cargo, etc
Leaving Report : On passing by reporting line
Repot Items : Ship's name, callsign, Passing position

준수사항 Compliance provisions

- 관제구역 내 모든 선박은 VHF CH.09 & CH.16를 청취하여야 한다.
- 관제구역 내 모든 선박은 국제해상충돌예방규칙을 준수하여야 한다.
- 통항분리제도와 유조선통항금지구역에 대한 규정을 이행하여야 한다.
- 항해 중 항로표지시설의 이상 발견 시 즉시 통보해야 한다.
- 옹도항로 통항 시 대산지방해양수산청 고시(제 2016-48호)에 따른 항법 규칙을 준수하여야 한다.

- All vessels in the area should watch on VHF CH. 09 and CH. 16
- All vessels in the area should observe Regulations (COLREGs' 72)
- All vessels should follow the regulations concerning Traffic Separation Schemes and Traffic Prohibited Area for Tankers
- All vessels are recommended to report immediately to VTS center when the abnormalities of aids to navigation are found

□ 대산항 해상교통관제센터

운영개요 Overview

호출명칭 Name of Call	적용 항만(수역) Application Port(Water)	VHF 통신 채널 Assigned VHF Channel	관제구역 면적(㎢) VTS Area Extent	전 화 Tel	전 송 Fax	운영 시간 Operating Hours
대산 브이티에스 Daesan VTS	대산항·태안항·당진화력 Port of Daesan·Taean, Dangjin Terminal	CH.12(Main) CH.16(Emergency and when calling)	관제구역 총면적 (A=B+C) :990㎢ ○ 항계 내(B) : 대산 70㎢, 태안 8㎢, 당진 6㎢, 보령 34㎢, ○ 항계 밖(C) : 대산 393㎢, 장안 250㎢, 보령 229㎢	(041) 950-2550	(041) 663-0349	24시간 24 hours
장안 브이티에스 Jangan VTS	장안서 해역 Janganseo Area	CH.67(Main) CH.16(Emergency and when calling)		(041) 950-2650		
보령 브이티에스 Boryeong VTS	보령항 Port of Boryeong	CH.69(Main) CH.16(Emergency and when calling)		(041) 950-2750		

관제대상 선박 Category of vessels required to report

- 국제항해에 취항하는 선박
- 총톤수 300톤 이상의 선박(단, 내항어선은 제외한다.)
- 「해사안전법」 제2조제6호에 따른 위험화물운반선
- 부선이나 구조물을 끌거나 밀어서 이동시키는 선박자동식별장치(AIS)를 설치한 예인선
- 여객선
- 총톤수 2톤 이상의 선박자동식별장치(AIS)를 설치한 유선
- 선박길이 45m 이상의 어선
- 총톤수 300톤 미만의 선박자동식별장치(AIS)를 설치한 다음 어느 하나에 해당하는 선박
  - 선박입출항법 제2조제4호에 따른 예선
  - 선박입출항법 제2조제5호라목에 따른 급수선·급유선·도선선·통선
  - 공사 또는 작업에 종사하는 선박
  - 해양조사선·순찰선·표지선·측량선·어업지도선·시험조사선 등 행정목적으로 운영하는 관공선

- Vessels engaged in international voyage
- Vessels of more than 300 G/T(except for fishing boats engaged in the inner harbor)
- Vessels carrying hazardous cargo defined in Subparagraph 6 of Article 2 of the Maritime Safety Act
- Towing vessels installed with AIS devices which maneuver barges or floating structures by pushing or towing
- Passenger ships
- Ferries over 2 G/T installed with an AIS device
- Fishing boats in length of 45m and upwards
- In any of the following one that Vessel under 300 G/T installed with AIS devices
  - Towing vessel defined in Subparagraph 4 of Article 2 of the Act on the Arrival, Departure, ETC. of Vessels
  - Water supply ships, Fuel oil supply vessels, Pilot boats, service boats defined in Subparagraph 5 of Article 2 of the Act on the Arrival, Departure, ETC. of Vessels
  - Vessels engaged in harbor construction work
  - Operating for the purpose of administrative, Maritime survey ships, Patrol boats, Navigation aid ships, Survey ships, Fishery inspection boats, Test survey ships

보고절차 Reporting procedures

진 입 보 고 : 관제구역 진입 시
(선명, 호출부호, 출항지, 목적지, 입항예정시간)

입 항 보 고 : 접안 또는 정박 시
(선명, 호출부호, 도착장소 및 시간)

이 동 보 고 : 이동 즉시
(선명, 호출부호, 이동장소, 이동시간)

출 항 보 고 : 출항 즉시
(선명, 호출부호, 현재 위치 및 출항시간, 목적지)

진 출 보 고 : 관제구역 이탈 시 (선명, 통과위치)

※ 출항(이동)하고자 하는 선박은 10분 전 출항(이동) 예정 보고를 하여야 함.

Entry Report : On passing by reporting line(Ship's name, Call Sign, Destination, ETA, Last port of call)

Arrival Report : When berthed (anchored)(Ship's name, Call sign, Arrival position & time)

Shifting Report : When unberthed (when anchor aweigh)(Ship's name, Call sign, Shifting Position & time)

Departure Report : Upon departure(Ship's name, Call sign, Departure Position&time, Destination)

Leaving Report : When passing reporting line(Ship's name, position)

※ Vessel which intend to departure or shift should report to VTS 10 minutes before

준수사항 Compliance provisions

- 관제구역 내 VHF CH16, CH.12(대산VTS), CH.67(장안VTS), CH.69(보령VTS)를 청취하여야 한다.
- 관제구역 내 선박은 다음 사항에 주의해야 한다.
  - 관제구역 내 최대유속 4 노트
  - 서방파제와 현대오일뱅크 부근의 불규칙한 조류 변화
  - 도선(접안) 스케줄 변경 시 관제센터에 통보

- Stand-by VHF CH.16, CH.12(Daesan VTS), CH67(Jangan VTS) & CH69(Boryeong VTS) at all times
- All vessels in the VTS Area should pay attention as follows;
  - Maximum currents in the VTS area : 4 knots
  - Irregular currents in the vicinity of the western breakwater and Hyundai Oil Bank dolphin
  - Revised pilot(Berthing) schedules are required to be reported to the VTS center

□ 평택항 해상교통관제센터

운영개요 Overview

호출명칭 Name of Call	적용 항만(수역) Application Port(Water)	VHF 통신 채널 Assigned VHF Channel	관제구역 면적(㎢) VTS Area Extent	전 화 Tel	전 송 Fax	운영 시간 Operating Hours
평택 브이티에스 Pyeongtaek VTS	평택당진항 Port of Pyeongtaek-Dangjin	CH.10(Main) CH.16(Emergency and when calling)	관제구역 총면적 (A=B+C) : 488㎢ ○ 항계 내(B) : 59㎢ ○ 항계 밖(C) : 429㎢	(031) 8046-2750 8046-2650	(031) 8053-7789	24시간 24 hours

관제대상 선박 Category of vessels required to report

- 국제항해에 취항하는 선박
- 총톤수 300톤 이상의 선박(단, 내항어선은 제외한다.)
- 「해사안전법」 제2조제6호에 따른 위험화물운반선
- 부선이나 구조물을 끌거나 밀어서 이동시키는 선박자동식별장치(AIS)를 설치한 예인선
- 여객선
- 총톤수 2톤 이상의 선박자동식별장치(AIS)를 설치한 유선
- 선박길이 45m 이상의 어선
- 총톤수 300톤 미만의 선박자동식별장치(AIS)를 설치한 다음 어느 하나에 해당하는 선박
  - 선박입출항법 제2조제4호에 따른 예선
  - 선박입출항법 제2조제5호라목에 따른 급수선·급유선·도선선·통선
  - 공사 또는 작업에 종사하는 선박
  - 해양조사선·순찰선·표지선·측량선·어업지도선·시험조사선 등 행정목적으로 운영하는 관공선

- Vessels engaged in international voyage
- Vessels of more than 300 G/T(except for fishing boats engaged in the inner harbor)
- Vessels carrying hazardous cargo defined in Subparagraph 6 of Article 2 of the Maritime Safety Act
- Towing vessels installed with AIS devices which maneuver barges or floating structures by pushing or towing
- Passenger ships
- Ferries over 2 G/T installed with an AIS device
- Fishing boats in length of 45m and upwards
- In any of the following one that Vessel under 300 G/T installed with AIS devices
  - Towing vessel defined in Subparagraph 4 of Article 2 of the Act on the Arrival, Departure, ETC. of Vessels
  - Water supply ships, Fuel oil supply vessels, Pilot boats, service boats defined in Subparagraph 5 of Article 2 of the Act on the Arrival, Departure, ETC. of Vessels
  - Vessels engaged in harbor construction work
  - Operating for the purpose of administrative, Maritime survey ships, Patrol boats, Navigation aid ships, Survey ships, Fishery inspection boats, Test survey ships

보고절차 Reporting procedures

입항예정보고 : 관제구역 진입 전
- 장안 VTS 통과 선박은 장안서 등표 약 2마일 전
(선명, 호출부호, 전출항지, 목적지, 도착예정시간 등)

입항보고 : 부두 및 정박지 도착 시
(도착시간 및 장소)

출항예정보고 : 출항 10분 전
(선명, 호출부호, 현 위치, 출항 예정시간)

출항보고 : 출항 즉시
(선명, 호출부호, 현 위치, 출항시간, 차항지, 1번 부표 통과 예정 시간 등)

이동보고 : 항계 내 정박지 및 부두
(이동시간 및 장소)

Advance Notice of Entry : Before entering VTS areas
- 2 miles before Janganseo LH for vessels via Jangan VTS areas(ship's name, call sign, last port of call, destination, ETA, etc)

Arrival Report : Arrival at berth or anchorage(arrival time, berth), call sign

Advance Notice of Departure : Ten minutes before departure(ship's name, call sign, departure position, ETD)

Departure Report : Departure at once(ship's name, call sign, departure berth, time, next port, estimated pass time of NO.1 buoy, etc)

Shifting Report : Shifting at berth or anchorage(shifting time, place), call sign

준수사항 Compliance provisions

- 항해 중 VHF CH.10, CH.16 상시 청취
- 장안서 통항분리대, 풍도 추천항로, 입출항 항로 등 항법 준수
- 기상특보 발효 및 짙은 안개 발생 시 입출항 제한
- 항계 내 속력제한 지침 준수

- All vessels must keep watch on VHF CH.10, CH.16 at all times
- Navigation rules need to be strictly observed in the traffic separation scheme(TSS) of Janganseo, Pung-do recommended sea routes, arrival/departure sea routes, and etc
- Entering or Departure could be subject to restrictions when issued meteorological warning or a report of dense fog in the area
- All vessels need to be observed Speed limit Rules in the harbor

□ 인천항 해상교통관제센터

운영개요 Overview

호출명칭 Name of Call	적용 항만(수역) Application Port(Water)	VHF 통신 채널 Assigned VHF Channel	관제구역 면적(㎢) VTS Area Extent	전 화 Tel	전 송 Fax	운영 시간 Operating Hours
인천 브이티에스 Incheon VTS	인천항 Port of Incheon	CH.68 (Sector 2, 3)	관제구역 총면적 (A=B+C) : 603㎢ ○ 항계 내(B) : 248㎢ ○ 항계 밖(C) : 355㎢	(032) 728-8550 728-8650 728-8750	(032) 728-8850	24시간 24 hours
	교통안전특정해역 Designated Area	CH.14 (Sector 1)				
	CH.16(Emergency and when calling) CH.06(Broadcasting)					

관제대상 선박 Category of vessels required to report

- 국제항해에 취항하는 선박
- 총톤수 300톤 이상의 선박(단, 내항어선은 제외한다.)
- 「해사안전법」 제2조제6호에 따른 위험화물운반선
- 부선이나 구조물을 끌거나 밀어서 이동시키는 선박자동식별장치(AIS)를 설치한 예인선
- 여객선
- 총톤수 2톤 이상의 선박자동식별장치(AIS)를 설치한 유선
- 선박길이 45m 이상의 어선
- 총톤수 300톤 미만의 선박자동식별장치(AIS)를 설치한 다음 어느 하나에 해당하는 선박
  - 선박입출항법 제2조제4호에 따른 예선
  - 선박입출항법 제2조제5호라목에 따른 급수선·급유선·도선선·통선
  - 공사 또는 작업에 종사하는 선박
  - 해양조사선·순찰선·표지선·측량선·어업지도선·시험조사선 등 행정목적으로 운영하는 관공선

- Vessels engaged in international voyage
- Vessels of more than 300 G/T(except for fishing boats engaged in the inner harbor)
- Vessels carrying hazardous cargo defined in Subparagraph 6 of Article 2 of the Maritime Safety Act
- Towing vessels installed with AIS devices which maneuver barges or floating structures by pushing or towing
- Passenger ships
- Ferries over 2 G/T installed with an AIS device
- Fishing boats in length of 45m and upwards
- In any of the following one that Vessel under 300 G/T installed with AIS devices
  - Towing vessel defined in Subparagraph 4 of Article 2 of the Act on the Arrival, Departure, ETC. of Vessels
  - Water supply ships, Fuel oil supply vessels, Pilot boats, service boats defined in Subparagraph 5 of Article 2 of the Act on the Arrival, Departure, ETC. of Vessels
  - Vessels engaged in harbor construction work
  - Operating for the purpose of administrative; Maritime survey ships, Patrol boats, Navigation aid ships, Survey ships, Fishery inspection boats, Test survey ships

보고절차 Reporting procedures

최 초 보 고 : 인천관제구역 진입 전
(장안서 등표로부터 2마일 내 통과 시)
(선명, 호출부호, 통과위치, 수면상 최고 높이)

입 항 보 고 : 부두 및 정박지 도착 시
(선명, 호출부호, 입항장소, 입항시간)

이 동 보 고 : 이동 즉시
(선명, 호출부호, 이동장소, 이동시간)

출 항 보 고 : 출항 즉시
(선명, 호출부호, 출항시간, 장소, 차항지, 팔미도 통과 예정시간)

※ 출항(이동)하고자 하는 선박은 10분 전 출항(이동)예정보고를 하여야 함.

Advance Notice of Entry : Before entering VTS areas
(2 miles before Jang-An-Seo)
(Ship's name, Call sign, Current Position, Air draft)

Arrival Report : When berthed / anchored
(Ship's name, Call sign, Position, Arrival time)

Shifting Report : Upon move(arrival)
(Ship's name, Call sign, Position/Destination, Leaving/Berthing time)

Departure Report : Upon departure
(Ship's name, Call sign, Departure time, Position, Destination, ETA at Pal-Mi.)

※ Vessels should report to VTS 10 minutes prior to move(departure/shift)

준수사항 Compliance provisions

- 항해 중 VHF CH.16, CH.14, CH.68 상시 청취
- 인천대교(66m),영종대교(35m) 높이를 감안하여 안전거리를 두고 항해
- 기상특보 발효 및 짙은 안개 발생 시 입출항 제한
- 항계 내 속력제한 지침 준수
- 「인천항·경인항 선박통항규칙」(인천해수청 고시) 준수

- All vessels must keep watch on VHF CH.16, 14, 68 at all times
- All vessels shall a safe distance when passing under the bridges (height of the bridge from water:Incheon Br.66m, Young-jong Br.:35m)
- Entering or departure may be subject to be restrictions should there be meteorological warning of extreme weather condition or a report of high density of fog in the area
- All vessels need to be observed Speed limit Rules in the harbor

□ 경인항 해상교통관제센터

운영개요 (Overview)

호출명칭 Name of Call	적용 항만(수역) Application Port(Water)	VHF 통신 채널 Assigned VHF Channel	관제구역 면적(㎢) VTS Area Extent	전 화 Tel	전 송 Fax	운영 시간 Operating Hours
경인 브이티에스 Gyeong-In VTS	경인항 제1항로 No.1 passage of Gyeong-in port	CH.09(Main) CH.16(Emergency and when calling) CH.06(Broadcasting)	관제구역 총면적(A=B+C) : 48㎢ ○ 항계 내(B) : 43.85㎢ ○ 항계 밖(C) : 4.29㎢	(032) 728-8552 728-8652	(032) 728-8452	24시간 24 hours
	경인 아라뱃길 Gyeong-In Ara water Way					

관제대상 선박 (Category of vessels required to report)

- 국제항해에 취항하는 선박
- 총톤수 300톤 이상의 선박(단, 내항어선은 제외한다.)
- 「해사안전법」 제2조제6호에 따른 위험화물운반선
- 부선이나 구조물을 끌거나 밀어서 이동시키는 선박자동식별장치(AIS)를 설치한 예인선
- 여객선
- 총톤수 2톤 이상의 선박자동식별장치(AIS)를 설치한 유선
- 선박길이 45m 이상의 어선
- 총톤수 300톤 미만의 선박자동식별장치(AIS)를 설치한 다음 어느 하나에 해당하는 선박
  - 선박입출항법 제2조제4호에 따른 예선
  - 선박입출항법 제2조제5호라목에 따른 급수선·급유선·도선선·통선
  - 공사 또는 작업에 종사하는 선박
  - 해양조사선·순찰선·표지선·측량선·어업지도선·시험조사선 등 행정목적으로 운영하는 관공선

- Vessels engaged in international voyage
- Vessels of more than 300 G/T(except for fishing boats engaged in the inner harbor)
- Vessels carrying hazardous cargo defined in Subparagraph 6 of Article 2 of the Maritime Safety Act
- Towing vessels installed with AIS devices which maneuver barges or floating structures by pushing or towing
- Passenger ships
- Ferries over 2 G/T installed with an AIS device
- Fishing boats in length of 45m and upwards
- In any of the following one that Vessel under 300 G/T installed with AIS devices
  - Towing vessel defined in Subparagraph 4 of Article 2 of the Act on the Arrival, Departure, ETC. of Vessels
  - Water supply ships, Fuel oil supply vessels, Pilot boats, service boats defined in Subparagraph 5 of Article 2 of the Act on the Arrival, Departure, ETC. of Vessels
  - Vessels engaged in harbor construction work
  - Operating for the purpose of administrative, Maritime survey ships, Patrol boats, Navigation aid ships, Survey ships, Fishery inspection boats, Test survey ships

보고절차 (Reporting procedures)

최 초 보 고 : 관제구역(경인항 제1항로) 도착 1마일 전 (선명, 호출부호, 통과위치, 수면상 최고 높이)

입 항 보 고 : 입항 즉시(선명, 호출부호, 입항장소, 입항시간)

이 동 보 고 : 이동 즉시(선명, 호출부호, 이동시작 장소 및 시간, 이동완료 장소 및 시간), 수면 상 최고 높이 등

출 항 보 고 : 출항 즉시(선명, 호출부호, 출항시간, 출항장소, 목적지, 선적화물), 수면상 최고높이 등

※ 출항(이동)하고자 하는 선박은 10분 전 출항(이동)예정보고를 하여야 함.

※ 경인아라뱃길 통항보고 : 경인아라뱃길 내에서 운항하고자 하는 선박 또는 운항하는 선박(선폭, 최대 흘수, 수면 상 최고 높이)

Advance Notice of Entry : 1 mile prior to entering the VTS area (Ship's name, Call sign, Current Position, Air draft)

Arrival Report : When berthed (anchored) (Ship's name, Call sign, Position, Arrival time)

Shifting Report : Upon move (arrival) (Ship's name, Call sign, Time of unberth(anchor clear) /berth (anchor), Airdaft

Departure Report : Upon departure (Ship's name, Call sign, Departure time, Position, Destination), Airdaft

※ Vessels should report to VTS at 10 minutes prior to move(departure/shift)

※ THE GYEONG-IN ARA WATERWAY : vessels entering the Gyeong-in must report her max width/draft/air draft above the water

준수사항 (Compliance provisions)

- 경인항 제1항로 - 다음 각 호의 경우 선박운항을 통제할 수 있음.
  - ㉠ 영종대교 부근 수역의 조류속도가 2.5노트 이상이거나 Air draft가 35m 이상인 경우
  - ㉡ 기상청 기상특보 발표 시 해사안전법에 따라 출항 통제
- 경인아라뱃길
  - 기상청 기상특보 발표 시 해사안전법에 따라 출항 통제
  - 평균 최대풍속 10m/s 이상 또는 시정이 500m 이하일 경우 주운수로 내 선박운항 및 갑문 입거를 통제할 수 있음
  - Air draft가 16m 이상인 선박은 주운수로 내 통항 불가
  - VHF 미설치선박 및 AIS 미설치선박(총톤수 10톤 이상일 경우)은 경인아라뱃길 주운수로 내 통항이 불가

- GYEONG-IN PASSAGE No. 1 - Ships' navigation in the following cases may be subject to restrictions
  - ⓐ When the sea-current speed is more than 2.5 knots and the air draft is more than 35 m in the vicinity of the Yongjong Bridge
  - ⓑ When a special weather report is issued, ship's departure shall be restricted pursuant to the Maritime Safety Act of Korea
- GYEONG-IN Ara Water way
  - When a special weather report is issued, ships' departure shall be restricted pursuant to the Maritime Safety Act of Korea
  - When the average maximum wind speed is more than 10 m/s, or the visibility is less than 500 m, it is not allowed to navigate in the Ara Waterway and enter the lock.
  - Vessels with more than 16m of air draft are not allowed to navigate in the ARA Waterway

나 서해지방해양경찰청

□ 진도연안 해상교통관제센터

관제대상 선박 / Category of vessels required to report

- 국제항해에 취항하는 선박
- 총톤수 300톤 이상의 선박(단, 내항어선은 제외한다)
- 「해사안전법」제2조제6호에 따른 위험화물운반선
- 부선이나 구조물을 끌거나 밀어서 이동시키는 선박자동식별장치(AIS)를 설치한 예인선
- 여객선
- 총톤수 2톤 이상의 선박자동식별장치(AIS)를 설치한 유선
- 총톤수 300톤 미만의 선박자동식별장치(AIS)를 설치한 다음 어느 하나에 해당하는 선박
  - 공사 또는 작업에 종사하는 선박
  - 해양조사선·순찰선·표지선·측량선·어업지도선·시험조사선 등 행정목적으로 운영하는 관공선

- Vessels engaged in international voyage
- Vessels of more than 300 G/T(except for fishing boats engaged in the inner harbor)
- Vessels carrying hazardous cargo defined in Subparagraph 6 of Article 2 of the Maritime Safety Act
- Towing vessels installed with AIS devices which maneuver barges or floating structures by pushing or towing
- Passenger ships
- Ferries over 2 G/T installed with an AIS device
- In any of the following one that Vessel under 300 G/T installed with AIS devices-Towing vessel defined in Subparagraph 4 of Article 2 of the Act on the Arrival, Departure, ETC. of Vessels
  - Vessels engaged in harbor construction work
  - Operating for the purpose of administrative ; Maritime survey ships, Patrol boats, Navigation aid ships, Survey ships, Fishery inspection boats, Test survey ships

보고절차 / Reporting procedures

진 입 보 고 : 관제구역 진입 시

보 고 내 용 : 선명, 호출부호
출항지, 목적지
통과위치
화물종류 및 적재톤수
기타 안전항행에 필요한 사항

진 출 보 고 : 관제구역 진출 시

보 고 내 용 : 선명, 호출부호
출항지, 목적지
통과위치
화물종류 및 적재톤수
기타 안전항행에 필요한 사항

Entering Report : On passing by reporting line

Report Items : Ship's name, call sign
Last port of call, Destination,
Passing position,
Type and quantity of cargo etc.

Leaving Report : On passing by reporting line

Report Items : Ship's name, call sign
Last port of call, Destination,
Passing position,
Type and quantity of cargo etc.

준수사항 / Compliance provisions

- 관제구역 내 모든 선박은 VHF CH.16, CH.67/68을 청취하여야 한다.
- 관제구역 내 모든 선박은 국제해상충돌예방규칙을 준수하여야 한다.
- 통항분리제도와 유조선통항금지구역에 대한 규정을 이행하여야 한다.
- 항해 중 항로표지시설의 이상 발견 시 즉시 통보해야 한다.

- All vessels in the VTS area should watch on VHF CH.16 & CH.67/68 at all times
- All vessels in the area should observe Collisions Regulations
- All vessels should follow the regulations concerned with the Traffic Separation schemes and the Traffic Prohibited area for Tankers
- All vessels are recommended to report immediately to any VTS centers when the abnormalities of aids navigation or the changes of their position are found

□ 여수연안 해상교통관제센터

운영개요 Overview

호출명칭 Name of Call	적용 항만(수역) Application Port(Water)	VHF 통신 채널 Assigned VHF Channel	관제구역 면적(㎢) VTS Area Extent	전 화 Tel	전 송 Fax	운영 시간 Operating Hours
여수 연안 브이티에스 Yeosu Coastal VTS	여수 연안 VTS 관제구역 Yeosu Coastal VTS area	CH.71 CH.16 (Emergency and when calling)	3,887㎢	(061) 840-2450 840-2550	(061) 840-2650	24시간 24 hours

관제대상 선박 Category of vessels required to report

- 국제항해에 취항하는 선박
- 총톤수 300톤 이상의 선박(단, 내항어선은 제외한다)
- 「해사안전법」제2조제6호에 따른 위험화물운반선
- 부선이나 구조물을 끌거나 밀어서 이동시키는 선박자동식별장치(AIS)를 설치한 예인선
- 여객선
- 총톤수 2톤 이상의 선박자동식별장치(AIS)를 설치한 유선
- 총톤수 300톤 미만의 선박자동식별장치(AIS)를 설치한 다음 어느 하나에 해당하는 선박
  - 공사 또는 작업에 종사하는 선박
  - 해양조사선·순찰선·표지선·측량선·어업지도선·시험조사선 등 행정목적으로 운영하는 관공선

- Vessels engaged in international voyage
- Vessels of more than 300 G/T(except for fishing boats engaged in the inner harbor)
- Vessels carrying hazardous cargo defined in Subparagraph 6 of Article 2 of the Maritime Safety Act
- Towing vessels installed with AIS devices which maneuver barges or floating structures by pushing or towing
- Passenger ships
- Ferries over 2 G/T installed with an AIS device
- In any of the following one that Vessel under 300 G/T installed with AIS devices-Towing vessel defined in Subparagraph 4 of Article 2 of the Act on the Arrival, Departure, ETC. of Vessels
  - Vessels engaged in harbor construction work
  - Operating for the purpose of administrative , Maritime survey ships, Patrol boats, Navigation aid ships, Survey ships, Fishery inspection boats, Test survey ships

보고절차 Reporting procedures

진 입 보 고 : 관제구역 진입 시

보 고 내 용 : 선명, 호출부호
출항지, 목적지,
통과위치
화물종류 및 적재톤수
기타 안전항행에 필요한 사항

진 출 보 고 : 관제구역 진출 시

보 고 내 용 : 선명, 통과위치

Entering Report : On passing by reporting line

Report Items : Ship's name, call sign
Last port of call, Destination,
Passing position,
Type and quantity of cargo etc.

Leaving Report : On passing by reporting line

Report Items : Ship's name, Passing position

준수사항 Compliance provisions

- 관제구역 내 모든 선박은 VHF CH.16, CH.71을 청취하여야 한다.
- 관제구역 내 모든 선박은 국제해상충돌예방규칙을 준수하여야 한다.
- 통항분리제도와 유조선통항금지해역에 대한 규정을 이행하여야 한다.
- 항해 중 항로표지시설의 이상 발견 시 즉시 통보해야 한다.

- All vessels in the area should watch on VHF CH.16 and CH.71
- All vessels in the area should observe Regulations (COLREGs'72)
- All vessels should follow the regulations concerning Traffic Separation Schemes and Traffic Prohibited Area for Tankers
- All vessels are recommended to report immediately to VTS center when the abnormalities of aids to navigation are found

□ 여수항 해상교통관제센터

운영개요 Overview

호출명칭 Name of Call	적용 항만(수역) Application Port(Water)	VHF 통신 채널 Assigned VHF Channel	관제구역 면적(㎢) VTS Area Extent	전 화 Tel	전 송 Fax	운영 시간 Operating Hours
여수 브이티에스 Yeosu VTS	여수항, 항계 밖 정박지, 특정해역 Yeosu Port, Anchorage out of harbor limit, Designated area	CH.12 (Sector 1, 2)	관제구역 총면적 (A=B+C) : 769㎢ ○ 항계 내(B) : 153㎢ ○ 항계 밖(C) : 615.94㎢ (항계 밖 교통안전특정해역 : 127.71㎢)	(061) 840-2552 840-2652	(061) 840-2852	24시간 24 hours
	광양항 Port of Gwangyang	CH.67 (Sector 3)				
	낙포부두-중흥부두 Nakpo pier-Jungheung pier	CH.67, CH.10 (Sector 4)				
	CH.16(Emergency and when calling) CH.06(Broadcasting)					

관제대상 선박 Category of vessels required to report

- 국제항해에 취항하는 선박
- 총톤수 300톤 이상의 선박(단, 내항어선은 제외한다.)
- 「해사안전법」 제2조제6호에 따른 위험화물운반선
- 부선이나 구조물을 끌거나 밀어서 이동시키는 선박자동식별장치(AIS)를 설치한 예인선
- 여객선
- 총톤수 2톤 이상의 선박자동식별장치(AIS)를 설치한 유선
- 선박길이 45m 이상의 어선
- 총톤수 300톤 미만의 선박자동식별장치(AIS)를 설치한 다음 어느 하나에 해당하는 선박
  - 선박입출항법 제2조제4호에 따른 예선
  - 선박입출항법 제2조제5호라목에 따른 급수선·급유선·도선선·통선
  - 공사 또는 작업에 종사하는 선박
  - 해양조사선·순찰선·표지선·측량선·어업지도선·시험조사선 등 행정목적으로 운영하는 관공선

- Vessels engaged in international voyage
- Vessels of more than 300 G/T(except for fishing boats engaged in the inner harbor)
- Vessels carrying hazardous cargo defined in Subparagraph 6 of Article 2 of the Maritime Safety Act
- Towing vessels installed with AIS devices which maneuver barges or floating structures by pushing or towing
- Passenger ships
- Ferries over 2 G/T installed with an AIS device
- Fishing boats in length of 45m and upwards
- In any of the following one that Vessel under 300 G/T installed with AIS devices
  - Towing vessel defined in Subparagraph 4 of Article 2 of the Act on the Arrival, Departure, ETC. of Vessels
  - Water supply ships, Fuel oil supply vessels, Pilot boats, service boats defined in Subparagraph 5 of Article 2 of the Act on the Arrival, Departure, ETC. of Vessels
  - Vessels engaged in harbor construction work
  - Operating for the purpose of administrative; Maritime survey ships, Patrol boats, Navigation aid ships, Survey ships, Fishery inspection boats, Test survey ships

보고절차 Reporting procedures

입 항 예 정 보 고 : 최초 위치보고선 (SR, ER line) 통과 10마일 전 또는, 남해대교, 돌산 거마각 통과시 (선명, 호출부호, 도착예정시간, 전 출항지, 목적지)

위 치 보 고 : 위치보고선 진·출입 시(선명, 호출부호, 통과위치)

입 항 보 고 : 접안 및 정박 즉시(선명, 호출부호, 입항장소, 입항시간)

이 동 보 고 : 이동 시작/종료 즉시(선명, 호출부호, 이동장소, 이동시간)

출 항 보 고 : 출항 즉시(선명, 호출부호, 시간, 출항장소, 목적지)

※ 출항(이동)하고자 하는 선박은 10분 전 출항(이동)예정보고를 하여야 함.

Advance Notice of Entry : Before entering VTS Area (10 miles before passing first reporting line) (Ship's name, Call Sign, ETA, last port of call, destination)

Entry Report & Passing Report : When passing the reporting line (Ship's name, Call sign, passing point)

Arrival Report : Upon berthed(anchored) (Ship's name, Call sign, Position, Arrival time)

Shifting Report : Upon start/finish moving (Ship's name, Call sign, Time of unberth(anchor clear)/berth(anchor)

Departure Report : Upon departure (Ship's name, Call sign, Departure time, Position, Destination)

※ Vessels should report to VTS at 10 minutes prior to move (departure/shift)

준수사항 Compliance provisions

- 관제구역 내 투묘 시 해상교통관제센터의 투묘위치 지정에 따를 것
- 돌산도 부근 정치망 구역(어장설치) 항해 시 주의요망
- 제한속력 준수
  - 교통안전특정해역 : 14노트 이하(위험화물운반선은 12노트)
  - 광양항 항계 내 구역 : 12노트 이하(위험화물운반선은 10노트)
- Air draft 제한 – 이순신대교(80m), 여수대교(50m)

- Comply with VTS instruction for anchor position, when attempting anchoring in VTS area
- Caution required during passing in vicinity of Dolsan Is. (Fishing gears exist)
- Observe speed limit regulations
  - Designated area : under 14 knots(vessels carrying dangerous cargo : 12 knots)
  - Gwangyang Port : under 12 knots(vessels carrying dangerous cargo : 10 knots)
- Air draft limit - Yisunshin Bridge(80m), Yeosu Bridge (50m)

□ 완도항 해상교통관제센터

운영개요

Overview

호출명칭 Name of Call	적용 항만(수역) Application Port(Water)	VHF 통신 채널 Assigned VHF Channel	관제구역 면적(㎢) VTS Area Extent	전 화 Tel	전 송 Fax	운영 시간 Operating Hours
완도 브이티에스 Wando VTS	완도항 VTS 관제구역 WANDO VTS Area	CH.10(Main) CH.16(Emergency and when calling)	관제구역 총면적 : 1,361㎢ 항계 내 : 4.89㎢ 항계 밖 : 1,356.05㎢	(061) 550-2550 550-2650	(061) 550-2450	24시간 24 hours

관제대상 선박

Category of vessels required to report

- 국제항해에 취항하는 선박
- 총톤수 300톤 이상의 선박(단, 내항어선은 제외한다.)
- 「해사안전법」 제2조제6호에 따른 위험화물운반선
- 부선이나 구조물을 끌거나 밀어서 이동시키는 선박자동식별장치(AIS)를 설치한 예인선
- 여객선
- 총톤수 2톤 이상의 선박자동식별장치(AIS)를 설치한 유선
- 선박길이 45m 이상의 어선
- 총톤수 300톤 미만의 선박자동식별장치(AIS)를 설치한 다음 어느 하나에 해당하는 선박
  - 선박입출항법 제2조제4호에 따른 예선
  - 선박입출항법 제2조제5호라목에 따른 급수선·급유선·도선선·통선
  - 공사 또는 작업에 종사하는 선박
  - 해양조사선·순찰선·표지선·측량선·어업지도선·시험조사선 등 행정목적으로 운영하는 관공선

- Vessels engaged in international voyage
- Vessels of more than 300 G/T(except for fishing boats engaged in the inner harbor)
- Vessels carrying hazardous cargo defined in Subparagraph 6 of Article 2 of the Maritime Safety Act
- Towing vessels installed with AIS devices which maneuver barges or floating structures by pushing or towing
- Passenger ships
- Ferries over 2 G/T installed with an AIS device
- Fishing boats in length of 45m and upwards
- In any of the following one that Vessel under 300 G/T installed with AIS devices
  - Towing vessel defined in Subparagraph 4 of Article 2 of the Act on the Arrival, Departure, ETC. of Vessels
  - Water supply ships, Fuel oil supply vessels, Pilot boats, service boats defined in Subparagraph 5 of Article 2 of the Act on the Arrival, Departure, ETC. of Vessels
  - Vessels engaged in harbor construction work
  - Operating for the purpose of administrative; Maritime survey ships, Patrol boats, Navigation aid ships, Survey ships, Fishery inspection boats, Test survey ships

보고절차

Reporting procedures

입항예정보고 / 통과보고 : 진입보고선/관제구역 통과 시 (선명, 호출부호, ETA, 화물, 목적지, 전출항지)

입항보고 : 입항 즉시 (선명, 호출부호, 입항장소, 입항시간)

이동보고 : 이동 10분 전, 이동 즉시, 이동완료 시 (선명, 호출부호, 이동장소, 이동시간)

출항보고 : 출항 10분 전, 출항 즉시 (선명, 호출부호, 출항장소, 출항시간, 목적항)

ETA Report / Passing Report : When on passing by reporting line or VTS area (ship's name, call sign, ETA, Cargo, Destination, Last port)

Arrival Report : On arrival at a certain position (Ship's name, Call sign, Position, Arrival time)

Shifting Report : 10 minutes before shifting, Soon after shifting, After completion of shifting (Ship's name, Call sign, Position, Shifting time)

Departure Report : 10 minutes prior to departure and Upon departure (Ship's name, Call sign, Position, Departure time, Destination)

준수사항

Compliance provisions

- 관제구역 내 VHF CH.10, CH.16 청취 의무
- 완도항계 및 지정·추천항로에서는 고시된 항법 준수할 것
- 항로를 횡단하는 어선 및 여객선 주의할 것

- Stand-by VHF CH.10 & CH.16 in the VTS Area
- All vessels in the Wando VTS area should comply with official navigation rules notified
- Caution required for crossing fishing boats and passenger ships on fairway

□ 목포항 해상교통관제센터

운영개요 Overview

호출명칭 Name of Call	적용 항만(수역) Application Port(Water)	VHF 통신 채널 Assigned VHF Channel	관제구역 면적(㎢) VTS Area Extent	전 화 Tel	전 송 Fax	운영 시간 Operating Hours
목포 브이티에스 Mokpo VTS	목포항 Port of Mokpo	CH.14(Main) CH.16(Emergency when and calling)	관제구역 총면적 (A=B+C) : 376㎢ ○ 항계 내(B) : 35.32㎢ ○ 항계 밖(C) : 340.75㎢	(061) 241-2550 241-2750	(061) 241-2850	24시간 24 hours

관제대상 선박 Category of vessels required to report

- 국제항해에 취항하는 선박
- 총톤수 300톤 이상의 선박(단, 내항어선은 제외한다.)
- 「해사안전법」 제2조제6호에 따른 위험화물운반선
- 부선이나 구조물을 끌거나 밀어서 이동시키는 선박자동식별장치(AIS)를 설치한 예인선
- 여객선
- 총톤수 2톤 이상의 선박자동식별장치(AIS)를 설치한 유선
- 선박길이 45m 이상의 어선
- 총톤수 300톤 미만의 선박자동식별장치(AIS)를 설치한 다음 어느 하나에 해당하는 선박
  - 선박입출항법 제2조제4호에 따른 예선
  - 선박입출항법 제2조제5호라목에 따른 급수선·급유선·도선선·통선
  - 공사 또는 작업에 종사하는 선박
  - 해양조사선·순찰선·표지선·측량선·어업지도선·시험조사선 등 행정목적으로 운영하는 관공선

- Vessels engaged in international voyage
- Vessels of more than 300 G/T(except for fishing boats engaged in the inner harbor)
- Vessels carrying hazardous cargo defined in Subparagraph 6 of Article 2 of the Maritime Safety Act
- Towing vessels installed with AIS devices which maneuver barges or floating structures by pushing or towing
- Passenger ships
- Ferries over 2 G/T installed with an AIS device
- Fishing boats in length of 45m and upwards
- In any of the following one that Vessel under 300 G/T installed with AIS devices
  - Towing vessel defined in Subparagraph 4 of Article 2 of the Act on the Arrival, Departure, ETC. of Vessels
  - Water supply ships, Fuel oil supply vessels, Pilot boats, service boats defined in Subparagraph 5 of Article 2 of the Act on the Arrival, Departure, ETC. of Vessels
  - Vessels engaged in harbor construction work
  - Operating for the purpose of administrative, Maritime survey ships, Patrol boats, Navigation aid ships, Survey ships, Fishery inspection boats, Test survey ships

보고절차 Reporting procedures

진출입 및 통과보고 : 관제구역 진출입 시
(선명 · 호출부호 · 목적지 · 도착예정시간 · 전 출항지)

입 항 보 고 : 입항 즉시
(선명 · 호출부호 · 입항장소 · 입항시간)

출 항 예 정 보 고 : 출항 10분 전
(선명 · 호출부호 · 현재 위치 · 출항예정 시간 · 목적지)

출 항 보 고 : 출항 즉시
(선명 · 호출부호 · 출항장소 및 시간 · 목적지)

이 동 보 고 : 이동 즉시
(선명 · 호출부호 · 이동시작 장소 및 시간 · 이동완료 장소 및 시간)

※ 출항(이동)하고자 하는 선박은 10분 전 출항(이동)예정보고를 하여야 함

Entering & leaving Report · Passing Report : On passing by reporting line (Ship's name·Call sign·Destination·ETA·Last port of call)

Arrival Report : When berthed(anchored) (Ship's name·Call sign·Arrival position & time)

Advanced notice of Departure : 10 minutes prior to departure (Ship's name·Call sign·Current Position·ETD ·Departure time)

Departure Report : Upon departure(Ship's name·Call sign·Departure Position & time·Destination)

Shifting Report : Upon shifting(Ship's name·Call sign·Shifting Position & Time)

※ Vessels should report to VTS at 10 minutes prior to move (departure/shift)

준수사항 Compliance provisions

- 관제구역 내 VHF CH.14, CH.16 청취 의무
- 목포대교 부근 항로 통과 시 형하고(최대 53m)와 항로폭(최대 400m)을 고려하여 주의하여 항행할 것
- 화원반도-안좌도 간 설치된 해저케이블을 주의하여 항행할 것
- 항계 내 항행안전 위해요소 발견 시 즉시 통보

- Stand-by VHF CH.14, CH.16 in the VTS Area
- Caution required in vicinity area of Mokpo Bridge, Pay attention to their widths(Max 400m) and heights(53m)
- Navigate with caution when passing between Hwawon-Bando and Anjwa-do(under water cable exist)
- All vessels should report to VTS immediately when encountered with any harmful event for safe traffic of vessels

□ 군산항 해상교통관제센터

운영개요 Overview

호출명칭 Name of Call	적용 항만(수역) Application Port(Water)	VHF 통신 채널 Assigned VHF Channel	관제구역 면적(㎢) VTS Area Extent	전 화 Tel	전 송 Fax	운영 시간 Operating Hours
군산 브이티에스 Gunsan VTS	군산항 Port of Gunsan 장항항 Port of Janghang	CH.12(Main, Broadcasting) CH.16(Emergency and when calling)	관제구역 총면적 (A=B+C) : 536㎢ ○ 항계 내(B) 194㎢ ○ 항계 밖(C) 342㎢	(063) 467-1375-6 539-2550 539-2650	(063) 467-1953	24시간 24 hours

관제대상 선박 Category of vessels required to report

- 국제항해에 취항하는 선박
- 총톤수 300톤 이상의 선박(단, 내항어선은 제외한다.)
- 「해사안전법」 제2조제6호에 따른 위험화물운반선
- 부선이나 구조물을 끌거나 밀어서 이동시키는 선박자동식별장치(AIS)를 설치한 예인선
- 여객선
- 총톤수 2톤 이상의 선박자동식별장치(AIS)를 설치한 유선
- 선박길이 45m 이상의 어선
- 총톤수 300톤 미만의 선박자동식별장치(AIS)를 설치한 다음 어느 하나에 해당하는 선박
  - 선박입출항법 제2조제4호에 따른 예선
  - 선박입출항법 제2조제5호라목에 따른 급수선·급유선·도선선·통선
  - 공사 또는 작업에 종사하는 선박
  - 해양조사선·순찰선·표지선·측량선·어업지도선·시험조사선 등 행정목적으로 운영하는 관공선

- Vessels engaged in international voyage
- Vessels of more than 300 G/T(except for fishing boats engaged in the inner harbor)
- Vessels carrying hazardous cargo defined in Subparagraph 6 of Article 2 of the Maritime Safety Act
- Towing vessels installed with AIS devices which maneuver barges or floating structures by pushing or towing
- Passenger ships
- Ferries over 2 G/T installed with an AIS device
- Fishing boats in length of 45m and upwards
- In any of the following one that Vessel under 300 G/T installed with AIS devices
  - Towing vessel defined in Subparagraph 4 of Article 2 of the Act on the Arrival, Departure, ETC. of Vessels
  - Water supply ships, Fuel oil supply vessels, Pilot boats, service boats defined in Subparagraph 5 of Article 2 of the Act on the Arrival, Departure, ETC. of Vessels
  - Vessels engaged in harbor construction work
  - Operating for the purpose of administrative, Maritime survey ships, Patrol boats, Navigation aid ships, Survey ships, Fishery inspection boats, Test survey ships

보고절차 Reporting procedures

입 항 예 정 보 고 : 관제구역 진입 시(선명, 호출부호, 입항예정시간(ETA), 입항예정장소, 출항지, 화물 종류, 적재량)

입 항 보 고 : 접안 및 정박 즉시 (선명, 호출부호, 입항장소, 입항시간)

출 항 예 정 보 고 : 출항 10분 전 (선명, 호출부호, 출항지, 출항시간, 목적지)

출 항 보 고 : 출항 즉시 (선명, 호출부호, 출항장소, 출항시간, 목적지)

이 동 보 고 : 이동 10분 전 , 항계 내 이동 전·후 (선명, 호출부호, 이동장소, 이동시간)

Advance Notice of Entry : On passing by reporting line(Ship's name, Call sign, ETA, destination, Last port of call, Type and Quantity of cargo)

Arrival Report : When berthed(Anchored) (Ship's name, Call sign, Position, Arrival time)

Advance Notice of Departure : 10 minutes prior to departure (Ship's name, Call sign, Last port of call, Departure time, Destination)

Departure Report : Upon departure (Ship's name, Call sign, Position, Departure time, Destination)

Shifting Report : 10minutes prior to move, prior/posterior to move in harbor limit (Ship's name, Call sign, Shifting position, time)

준수사항 Compliance provisions

- 관제구역 내 VHF CH.12, CH.16 청취 의무
- 입출항 시 항법 및 속력제한구역 준수(5, 10노트)
- 항계 내 항행안전 위해요소 발견 시 즉시 통보
- 기상특보 발효 및 짙은 안개 발생 시 입출항 제한

- Stand-by VHF CH.12 & CH.16 in the VTS Area
- Comply with traffic regulation and speed-restricted area(5, 10 knots)
- All vessels should report to VTS immediately when encountered with any harmful event for safe traffic of vessels
- Entering or departure may be subject to be restrictions should there be meteorological warning of extreme weather condition or a report of high density of fog in the area

다 남해지방해양경찰청

□ 통영연안 해상교통관제센터

운영개요 Overview

호출명칭 Name of Call	적용 항만(수역) Application Port(Water)	VHF 통신 채널 Assigned VHF Channel	관제구역 면적(㎢) VTS Area Extent	전 화 Tel	전 송 Fax	운영 시간 Operating Hours
통영 연안 브이티에스 Tongyeong Coastal VTS	통영 연안 VTS 관제구역 TongYeong Coastal VTS Area	호출(Calling) CH.16 교신(Working) CH.69	2,931㎢	(055) 647-2550~2750	(055) 647-2950	24시간 24 hours

관제대상 선박 Category of vessels required to report

- 국제항해에 종사하는 선박
- 총톤수 300톤 이상의 선박(단, 내항어선은 제외한다.)
- 「해사안전법」 제2조제6호에 따른 위험화물운반선
- 부선이나 구조물을 끌거나 밀어서 이동시키는 선박자동식별장치(AIS)를 설치한 예인선
- 여객선
- 총톤수 2톤 이상의 선박자동식별장치(AIS)를 설치한 유선
- 총톤수 300톤 미만의 선박자동식별장치(AIS)를 설치한 다음 어느 하나에 해당하는 선박
  - 공사 또는 작업에 종사하는 선박
  - 해양조사선·순찰선·표지선·측량선·어업지도선·시험조사선 등 행정목적으로 운영하는 관공선

- Vessels engaged in international voyage
- Vessels of more than 300 G/T(except for fishing boats engaged in the inner harbor)
- Vessels carrying hazardous cargo defined in Subparagraph 6 of Article 2 of the Maritime Safety Act
- Towing vessels installed with AIS devices which maneuver barges or floating structures by pushing or towing
- Passenger ships
- Ferries over 2 G/T installed with an AIS device
- In any of the following one that Vessel under 300 G/T installed with AIS devices
  - Vessels engaged in harbor construction work
  - Operating for the purpose of administrative; Maritime survey ships, Patrol boats, Navigation aid ships, Survey ships, Fishery inspection boats, Test survey ships

보고절차 Reporting procedures

진 입 보 고 : 선명, 호출부호, 출항지, 목적지, 통과위치, 화물종류 및 적재톤수, 기타 안전항행에 필요한 사항

진 출 보 고 : 선명, 호출부호, 통과위치

Entering Report : Ship's name, callsign, Last port of call, Destination, Passing position type and quantity of cargo, etc

Leaving Report : Ship's name, callsign, Passing position

준수사항 Compliance provisions

- 관제구역 내 모든 선박은 VHF CH.16, CH 69를 청취하여야 한다.
- 관제구역 내 모든 선박은 국제해상충돌예방규칙을 준수하여야 한다.
- 통항분리제도와 유조선통항금지구역에 대한 규정을 이행하여야 한다.
- 항해 중 항로표지시설의 이상 발견 시 즉시 통보해야 한다.

- All vessels in area should watch on VHF CH.16 and CH.69
- All vessels in the area should observe Regulations (COLREGs'72)
- All vessels should follow the regulations concerning Traffic Separation Schemes and Traffic Prohibited Area for Tankers
- All vessels are recommended to report immediately to VTS center when the abnormalities of aids to navigation are found

□ 울산항 해상교통관제센터

운영개요
Overview

호출명칭 Name of Call	적용 항만(수역) Application Port(Water)	VHF 통신 채널 Assigned VHF Channel	관제구역 면적(㎢) VTS Area Extent	전 화 Tel	전 송 Fax	운영 시간 Operating Hours
울산 브이티에스 ULSAN VTS	울산본항, 온산, 울산신항, 미포항 Ulsan main port, Onsan, Ulsan New Port, Mipo	CH.14(Main), CH.10(Sub), CH.16(Emergency and when calling)	2,931관제구역 총면적 (A=B+C) : 652㎢ ○ 항계 내(B) : 110.69㎢ ○ 항계 밖(C) : 540.87㎢/㎢	(052) 230-2650, 2750	(052) 230-2850	24시간 24 hours

관제대상 선박
Category of vessels required to report

- 국제항해에 취항하는 선박
- 총톤수 300톤 이상의 선박(단, 내항어선은 제외한다.)
- 「해사안전법」 제2조제6호에 따른 위험화물운반선
- 부선이나 구조물을 끌거나 밀어서 이동시키는 선박자동식별장치(AIS)를 설치한 예인선
- 여객선
- 총톤수 2톤 이상의 선박자동식별장치(AIS)를 설치한 유선
- 선박길이 45m 이상의 어선
- 총톤수 300톤 미만의 선박자동식별장치(AIS)를 설치한 다음 어느 하나에 해당하는 선박
  - 선박입출항법 제2조제4호에 따른 예선
  - 선박입출항법 제2조제5호라목에 따른 급수선·급유선·도선선·통선
  - 공사 또는 작업에 종사하는 선박
  - 해양조사선·순찰선·표지선·측량선·어업지도선·시험조사선 등 행정목적으로 운영하는 관공선

- Vessels engaged in international voyage
- Vessels of more than 300 G/T(except for fishing boats engaged in the inner harbor)
- Vessels carrying hazardous cargo defined in Subparagraph 6 of Article 2 of the Maritime Safety Act
- Towing vessels installed with AIS devices which maneuver barges or floating structures by pushing or towing
- Passenger ships
- Ferries over 2 G/T installed with an AIS device
- Fishing boats in length of 45m and upwards
- In any of the following one that Vessel under 300 G/T installed with AIS devices
  - Towing vessel defined in Subparagraph 4 of Article 2 of the Act on the Arrival, Departure, ETC. of Vessels
  - Water supply ships, Fuel oil supply vessels, Pilot boats, service boats defined in Subparagraph 5 of Article 2 of the Act on the Arrival, Departure, ETC. of Vessels
  - Vessels engaged in harbor construction work
  - Operating for the purpose of administrative, Maritime survey ships, Patrol boats, Navigation aid ships, Survey ships, Fishery inspection boats, Test survey ships

보고절차
Reporting procedures

입항예정보고 / 통과보고 : 진입보고선(관제구역) 통과
(선명, 호출부호, 전출항지, 목적지)
※ ETA 통보 시 도선 : 도선점, 비도선 : 항계선 기준

입항(도착)보고 : 입항(투묘/접안) 즉시
(선명, 호출부호, 입항장소, 입항시간)

이동보고 : 이동 10분 전/ 이동 즉시
(선명, 호출부호, 이동장소, 이동시간)

출항보고 : 출항 10분 전/ 출항 즉시
(선명, 호출부호, 출항장소, 출항시간, 목적지)

ETA Report / Passing Report — When : on passing by reporting line(VTS area)
Reporting : ship's name, call sign, last port of call, Destination

Arrival Report — When : After Berth or Anchor
Reporting : ship's name, call sign, berth, Time

Shifting Report — When : 10 minutes before shifting/upon shifting
Reporting : ship's name, call sign, Present place, Destination, Time

Departure Report — When : 10 minutes before departure/Upon departure
Reporting : ship's name, call sign, Present place, Destination, Time

준수사항
Compliance provisions

- 관제구역 내 VHF CH.14 & CH.16 청취
- 모든 정박선은 정박당직 준수 및 비상상황 대비 엔진 준비 철저
- ETA를 조정하고자 하는 모든 입항선박은 해상교통안전 특정해역을 벗어나야 하며, 다른 선박의 통항을 방해하지 않아야 함.
- Air Draft 준수 : 울산대교(60m, 클리어런스 : 5m), 장생포항 송전선로(40m)

- Keep watch on VHF CH.14 & CH.16 in the VTS area
- All anchoring vessels should keep anchor watch and stand-by main engine for emergency
- All inbound vessels adjusting ETA, should not stay in traffic safety specific seas and not interrupt other vessels's traffic
- Restriction of Air Draft : Ulsan Harbour Bridge(60m, Clearance : 5m), Jangseangpo Port(40m)

□ 부산항 해상교통관제센터

운영개요 Overview

호출명칭 Name of Call	적용 항만(수역) Application Port(Water)	VHF 통신 채널 Assigned VHF Channel	관제구역 면적(㎢) VTS Area Extent	전 화 Tel	전 송 Fax	운영 시간 Operating Hours
부산 브이티에스 Busan VTS	부산항, 수영만(용호부두) Port of Busan, SuYeongMan(Yongho pier)	CH.12 (Sector 1)	관제구역 총면적 (A=B+C) : 725㎢ ○ 항계 내(B) : 80㎢ ○ 항계 밖(C) : 645㎢	(051) 664-2750	(051) 404-2623	24시간 24 hours
	감천항, 남외항 정박지 Gamcheon Port, N-Anchorage	CH.09 (Sector 2)				
	확대해역 Approaching area	CH.16 (Sector 3)				

관제대상 선박 Category of vessels required to report

- 국제항해에 취항하는 선박
- 총톤수 300톤 이상의 선박(단, 내항어선은 제외한다.)
- 「해사안전법」 제2조제6호에 따른 위험화물운반선
- 부선이나 구조물을 끌거나 밀어서 이동시키는 선박자동식별장치(AIS)를 설치한 예인선
- 여객선
- 총톤수 2톤 이상의 선박자동식별장치(AIS)를 설치한 유선
- 선박길이 45m 이상의 어선
- 총톤수 300톤 미만의 선박자동식별장치(AIS)를 설치한 다음 어느 하나에 해당하는 선박
  - 선박입출항법 제2조제4호에 따른 예선
  - 선박입출항법 제2조제5호라목에 따른 급수선·급유선·도선선·통선
  - 공사 또는 작업에 종사하는 선박
  - 해양조사선·순찰선·표지선·측량선·어업지도선·시험조사선 등 행정목적으로 운영하는 관공선

- Vessels engaged in international voyage
- Vessels of more than 300 G/T(except for fishing boats engaged in the inner harbor)
- Vessels carrying hazardous cargo defined in Subparagraph 6 of Article 2 of the Maritime Safety Act
- Towing vessels installed with an AIS device which maneuver barges or floating structures by pushing or towing
- Passenger ships
- Ferries over 2 G/T installed with an AIS device
- Fishing boats in length of 45m and upwards
- In any of the following one that Vessel under 300 G/T installed with an AIS device
  - Towing vessel defined in Subparagraph 4 of Article 2 of the Act on the Arrival, Departure, ETC. of Vessels
  - Water supply ships, Fuel oil supply vessels, Pilot boats, service boats defined in Subparagraph 5 of Article 2 of the Act on the Arrival, Departure, ETC. of Vessels
  - Vessels engaged in harbor construction work
  - Operating for the purpose of administrative; Maritime survey ships, Patrol boats, Navigation aid ships, Survey ships, Fishery inspection boats, Test survey ships

보고절차 Reporting procedures

진 입 보 고 : 관제구역 진입 시
선명, 호출부호, 목적지/출항지, 통과위치, 기타 항행안전 필요사항, 승객수(다중이용선박에 한함)

입 항 보 고 : 입항(투묘/접안) 즉시
(선명, 호출부호, 입항장소, 입항시간)

이 동 보 고 : 이동 10분 전/ 이동 즉시
(선명, 호출부호, 이동장소, 이동시간)

출 항 보 고 : 출항 10분 전/ 출항 즉시
(선명, 호출부호, 출항장소, 출항시간, 목적지)

진 출 보 고 : 관제구역 이탈 시
(선명, 통과위치)

Entering Report : When : Entering the VTS area
Reporting : ship's name, call sign, destination, ETA, Navigational safety notice, the number of passenger(Cruise, passenger ship and so on)

Arrival Report : When : After Berth or Anchor
Reporting : ship's name, call sign, Time

Shifting Report : When : 10 minutes before shifting
Reporting : ship's name, call sign, Present place, Destination, Time

Departure Report : When : 10 minutes before departure and Upon departure
Reporting : ship's name and call sign, Present place, Destination, Time

Leaving Report : When : leaving the VTS area (Ship's name, Position)

준수사항 Compliance provisions

- 정박당직 준수 및 비상상황 대비 엔진 준비 철저
- 정박지 시설 사용 허가 사전에 받을 것
- 투묘 시 연안에서 0.5마일 이상 안전거리 유지
- VHF CH 12(섹터1), 09(섹터2), 16(섹터3) 청취
- 다음 상황 발생 시 즉시 VTS 통보
  - 항로표지 이상 발견
  - 인명사고 발생 등
  - 오염발생, 부유물 등 발견
  - 엔진 및 조타기 등 고장
  - 시정제한, 기상악화 시

- All vessels at anchor should keep watching your anchor and prepare main engine in case of emergency situation
- Anchorage should be permitted to use before anchoring
- Keep the distance at least 0.5NM from coastal line
- Keep watching on VHF Channel 16(sector3), 12(sector 1), 09(sector 2)
- Any of the following conditions should be immediately reported to the VTS :
  - any defect in an aid to navigation
  - marine casualty, etc.
  - any pollution incident, floating obstructions
  - defective main engine, steering gear etc.
  - reduced visibility and other adverse weather conditions

□ 부산신항 해상교통관제센터

운영개요 (Overview)

호출명칭 Name of Call	적용 항만(수역) Application Port(Water)	VHF 통신 채널 Assigned VHF Channel	관제구역 면적(㎢) VTS Area Extent	전 화 Tel	전 송 Fax	운영 시간 Operating Hours
부산신항 브이티에스 Busan New Port VTS	부산신항만~진입보고선 Busan New port-VTS Reporting Line	CH.10 (sector 1, 2)	관제구역 총 면적(A=B+C) : 543㎢ ○ 항계 내(B) 104㎢ ○ 항계 밖(C) 439㎢	(051) 663-2550 663-2650	(055) 545-0406	24시간 24 hours
	진입보고선~관제구역선 VTS Reporting line-VTS Area Line					

관제대상 선박 (Category of vessels required to report)

- 국제항해에 취항하는 선박
- 총톤수 300톤 이상의 선박(단, 내항어선은 제외한다.)
- 「해사안전법」 제2조제6호에 따른 위험화물운반선
- 부선이나 구조물을 끌거나 밀어서 이동시키는 선박자동식별장치(AIS)를 설치한 예인선
- 여객선
- 총톤수 2톤 이상의 선박자동식별장치(AIS)를 설치한 유선
- 선박길이 45m 이상의 어선
- 총톤수 300톤 미만의 선박자동식별장치(AIS)를 설치한 다음 어느 하나에 해당하는 선박
  - 선박입출항법 제2조제4호에 따른 예선
  - 선박입출항법 제2조제5호라목에 따른 급수선·급유선·도선선·통선
  - 공사 또는 작업에 종사하는 선박
  - 해양조사선·순찰선·표지선·측량선·어업지도선·시험조사선 등 행정목적으로 운영하는 관공선

- Vessels engaged in international voyage
- Vessels of more than 300 G/T(except for fishing boats engaged in the inner harbor)
- Vessels carrying hazardous cargo defined in Subparagraph 6 of Article 2 of the Maritime Safety Act
- Towing vessels installed with AIS devices which maneuver barges or floating structures by pushing or towing
- Passenger ships
- Ferries over 2 G/T installed with an AIS device
- Fishing boats in length of 45m and upwards
- In any of the following one that Vessel under 300 G/T installed with AIS devices
  - Towing vessel defined in Subparagraph 4 of Article 2 of the Act on the Arrival, Departure, ETC. of Vessels
  - Water supply ships, Fuel oil supply vessels, Pilot boats, service boats defined in Subparagraph 5 of Article 2 of the Act on the Arrival, Departure, ETC. of Vessels
  - Vessels engaged in harbor construction work
  - Operating for the purpose of administrative, Maritime survey ships, Patrol boats, Navigation aid ships, Survey ships, Fishery inspection boats, Test survey ships

보고절차 (Reporting procedures)

진 입 보 고 : 관제구역 진입 시
(선명, 호출부호, 출항지, 목적지, 통과위치, 도선점/항계선 도착예정시간, 기타 항행안전 사항)

입 항 보 고 : 접안 또는 정박 시
(선명, 호출부호, 입항장소, 입항시간)

이 동 보 고 : 이동예정 10분 전 / 이동 전·후 즉시
(선명, 호출부호, 이동 전·후 장소, 이동시간)

출 항 보 고 : 출항예정 10분 전 / 출항 즉시
(선명, 호출부호, 출항장소, 출항시간, 목적지)

진 출 보 고 : 관제구역 이탈 시(선명, 통과위치)

Entering Report: When entering VTS area
(ship's name, call sign, last port of call, destination, present position, ETA at P/S or harbor line, issues affecting navigational safety)

Arrival Report: After berth or anchor(ship's name, call sign, location · time of arrival)

Shifting Report: 10 minutes before shifting / upon · after shifting
(ship's name, call sign, location before · after shifting, time)

Departure Report: 10 minutes before departure / upon departure
(ship's name, call sign, location & time of departure, destination)

Leaving Report: when leaving VTS area (ship's name, position)

준수사항 (Compliance provisions)

- 관제구역 내 VHF CH.10, CH.16 청취 의무
- 항법 및 항만규정 준수
- 가덕수도 내 'C'부표 부근 주의해역 내에서 12knots 이하로 항행

- Stand-by VHF CH.10 & CH.16 in the VTS Area
- Comply with Traffic & Port regulations
- Do not exceed the speed of 12knots while navigating within the precautionary area nearby the buoy 'C' of GaDeok Sudo

□ 마산항 해상교통관제센터

운영개요 Overview

<table>
<tr><th>호출명칭
Name of Call</th><th>적용 항만(수역)
Application Port(Water)</th><th>VHF 통신 채널
Assigned VHF Channel</th><th>관제구역 면적(㎢)
VTS Area Extent</th><th>전 화
Tel</th><th>전 송
Fax</th><th>도선사 VHF 운용채널
Pilot VHF Ch</th><th>운영 시간
Operating Hours</th></tr>
<tr><td>마산 브이티에스
Masan VTS</td><td>마산, 진해, 고현, 안정항
Port of Masan, Jinhae, Gohyeon, Anjeong</td><td>CH.14(Main)
CH.16(Emergency & when calling)</td><td rowspan="4">관제구역 총면적
(A=B+C) : 541㎢
○ 항계 내(B) : 25.08㎢
○ 항계 밖(C) : 515.81㎢
* 통영 · 삼천포 제외</td><td rowspan="4">(055)
981-2550, 2650</td><td rowspan="4">(055)
981-2850</td><td rowspan="4">CH.08</td><td rowspan="4">24시간
24 hours</td></tr>
<tr><td>옥포 브이티에스
Okpo VTS</td><td>옥포, 장승포, 지세포항
Port of Okpo, Jangseungpo, Jisepo</td><td>CH.67(Main)
CH.16(Emergency & when calling)</td></tr>
<tr><td>통영 브이티에스
Tongyeong VTS</td><td>통영항
Port of Tongyeong</td><td rowspan="2">CH.06(Main)
CH.16(Emergency & when calling)</td></tr>
<tr><td>삼천포 브이티에스
Samcheonpo VTS</td><td>삼천포항
Port of Samcheonpo</td></tr>
</table>

• TONGYEONG & SAMCHEONPO VTS : 레이더 관제가 아닌 VHF로 단순 입출항 보고만 접수 / Receiving arrival/departure report by VHF without Radar system

관제대상 선박 Category of vessels required to report

- 국제항해에 취항하는 선박
- 총톤수 300톤 이상의 선박(단, 내항어선은 제외한다.)
- 「해사안전법」 제2조제6호에 따른 위험화물운반선
- 부선이나 구조물을 끌거나 밀어서 이동시키는 선박자동식별장치(AIS)를 설치한 예인선
- 여객선 · 총톤수 2톤 이상의 선박자동식별장치(AIS)를 설치한 유선
- 선박길이 45m 이상의 어선
- 총톤수 300톤 미만의 선박자동식별장치(AIS)를 설치한 다음 어느 하나에 해당하는 선박
  - 선박입출항법 제2조제4호에 따른 예선
  - 선박입출항법 제2조제5호라목에 따른 급수선·급유선·도선선·통선
  - 공사 또는 작업에 종사하는 선박
  - 해양조사선·순찰선·표지선·측량선·어업지도선·시험조사선 등 행정목적으로 운영하는 관공선

- Vessels engaged in international voyage
- Vessels of more than 300 G/T(except for fishing boats engaged in the inner harbor)
- Vessels carrying hazardous cargo defined in Subparagraph 6 of Article 2 of the Maritime Safety Act
- Towing vessels installed with AIS devices which maneuver barges or floating structures by pushing or towing
- Passenger ships
- Ferries over 2 G/T installed with an AIS device
- Fishing boats in length of 45m and upwards
- In any of the following one that Vessel under 300 G/T installed with AIS devices
  - Towing vessel defined in Subparagraph 4 of Article 2 of the Act on the Arrival, Departure, ETC. of Vessels
  - Water supply ships, Fuel oil supply vessels, Pilot boats, service boats defined in Subparagraph 5 of Article 2 of the Act on the Arrival, Departure, ETC. of Vessels
  - Vessels engaged in harbor construction work
  - Operating for the purpose of administrative; Maritime survey ships, Patrol boats, Navigation aid ships, Survey ships, Fishery inspection boats, Test survey ships

보고절차 Reporting procedures

진 입 보 고 : - 마산 VTS : 동두말 등대로부터 4마일 전, 마산 VTS 보고선 진입 시
- 옥포 VTS : 옥포 VTS 보고선 진입 시
  ※지세포항 원유운반선박은제8도선점 진입 1시간 전
  ※거제 장정정박지 입항선박은 장정정박지 진입 1시간 전
- 통영·삼천포 VTS : 통영·삼천포 VTS 보고선 진입 시
  (선명, 호출부호, 출항지, 목적지, 통과위치, 화물종류 및 적재량, 도착예정시간)

입 항 보 고 : 접안 또는 정박 시(선명, 호출부호, 입항장소, 입항시간)

이 동 보 고 : 이동예정 10분 전/이동 전·후 즉시 (선명, 호출부호, 이동장소, 이동(예정)시간)

출 항 보 고 : 출항예정 10분 전/출항 즉시 (선명, 호출부호, 출항장소, 출항(예정)시간, 목적지)

진 출 보 고 : 보고선 이탈 시(선명, 통과 위치)

Entering Report : - MASAN VTS : 4miles before passing Dongdoomal Lt., When passing reporting line
- OKPO VTS : When passing reporting line
  * 1hour before arriving at no.8 P/S for entering vessels of Jisepo oil terminal
  * 1hour before arriving at Okpo temporarily anchorage for anchoring vessels
- TONGYEONG SAMCHEONPO VTS : When passing reporting line (Ship's name, Call sign, Last port of call, Destination, Present position, Type and quantity of cargo, ETA)

Arrival Report : After berth or anchor (Ship's name, Call sign, Berth/Anchor position, Arrival time)

Shifting Report : 10minutes before shifting/Upon shifting (Ship's name, Call sign, Shifting position/time, Destination)

Departure Report : 10minutes before departure/Upon departure (Ship's name, Call sign, Departure Position/time, Destination)

Leaving Report : When Passing reporting line(Ship's name, Position)

준수사항 Compliance provisions

- 관제구역 내 지정채널(14,06,67) & CH.16 청취 의무
- Air Draft 준수
  - 마창대교 : 64m - 거가대교(거제도 – 저도) : 36m / (저도 – 중죽도) : 52m
- 관제구역 내 투묘 시 관제센터의 권고위치에 따를 것
- 제한 속력 준수
  - 안정항로/잠도부근 속력제한구역 : 12노트 이하
  - 마산항로/잠도부근 속력제한구역 : 15노트 이하

- Stand-by on specified CH.(14, 06, 67) & 16 in the VTS Area
- Restriction of Air Draft / Machang Bridge : 64m
  - Geoga Brdg.(Geojedo-Joodo) : 36m/(Joodo-Jungjukdo) : 52m
- Vessels should anchor the position designated by VTS, when vessels intend to anchor
- Speed Restriction
  - Anjeong Fairway/Speed Limit Area around Jamdo : less than 12kts
  - Masan Fairway/Speed Limit Area around Jamdo : less than 15kts

라 동해지방해양경찰청

□ 동해항 해상교통관제센터

운영개요 Overview

호출명칭 Name of Call	적용 항만(수역) Application Port(Water)	VHF 통신 채널 Assigned VHF Channel	관제구역 면적(㎢) VTS Area Extent	전 화 Tel	전 송 Fax	운영 시간 Operating Hours
동해 브이티에스 Donghae VTS	동해 묵호, 삼척, 옥계항 Ports of Donghae·Mukho and Samcheok, Okgye	CH.12(Main, Sector 1) CH.16(Emergency and when calling)	관제구역 총면적 (A=B+C) 1,032㎢ ○ 항계 내(B) : 48.58㎢ * 동해항 : 13.46㎢ * 묵호항 : 4.11㎢ * 삼척항 : 0.98㎢ * 옥계항 : 5.58㎢ * 호산항 : 24.45㎢ ○ 항계 밖(C) : 983.87㎢	(033) 680-2550 680-2650 680-2750 680-2950	(033) 680-2850	24시간 24 hours
호산 브이티에스 Hosan VTS	호산항 Port of Hosan	CH.14(Main, Sector 2) CH.16(Emergency and when calling)				

* 해상교통관제시스템이 미설치된 속초항은 단순 입출항 접수 업무 수행(호출명: 속초VTS, 관제 채널: VHF CH.14)
* In case of Sokcho port where VTS system is not established, only receives arrival and departure report.(Call sign: Sokcho VTS, VTS CH.: VHF CH.14)

관제대상 선박 Category of vessels required to report

- 국제항해에 종사하는 선박
- 총톤수 300톤 이상의 선박(단, 내항어선은 제외한다.)
- 「해사안전법」 제2조제6호에 따른 위험화물운반선
- 부선이나 구조물을 끌거나 밀어서 이동시키는 선박자동식별장치(AIS)를 설치한 예인선
- 여객선
- 총톤수 2톤 이상의 선박자동식별장치(AIS)를 설치한 유선
- 선박길이 45m 이상의 어선
- 총톤수 300톤 미만의 선박자동식별장치(AIS)를 설치한 다음 어느 하나에 해당하는 선박
  - 선박입출항법 제2조제4호에 따른 예선
  - 선박입출항법 제2조제5호라목에 따른 급수선·급유선·도선선·통선
  - 공사 또는 작업에 종사하는 선박
  - 해양조사선·순찰선·표지선·측량선·어업지도선·시험조사선 등 행정목적으로 운영하는 관공선

- Vessels engaged in international voyage
- Vessels of more than 300 G/T(except for fishing boats engaged in the inner harbor)
- Vessels carrying hazardous cargo defined in Subparagraph 6 of Article 2 of the Maritime Safety Act
- Towing vessels installed with AIS devices which maneuver barges or floating structures by pushing or towing
- Passenger ships
- Ferries over 2 G/T installed with an AIS device
- Fishing boats in length of 45m and upwards
- In any of the following one that Vessel under 300 G/T installed with AIS devices
  - Towing vessel defined in Subparagraph 4 of Article 2 of the Act on the Arrival, Departure, ETC. of Vessels
  - Water supply ships, Fuel oil supply vessels, Pilot boats, Service boats defined in Subparagraph 5 of Article 2 of the Act on the Arrival, Departure, ETC. of Vessels
  - Vessels engaged in harbor construction work
  - Operating for the purpose of administrative, Maritime survey ships, Patrol boats, Navigation aid ships, Survey ships, Fishery inspection boats, Test survey ships

보고절차 Reporting procedures

진 입 보 고 : - 관제구역 진입 시: 선명, 호출부호, 출항지, 목적지, 화물종류·적재량 ETA 등
- 목적항 항계 2마일 전: 선명, 정박지, 접안장소 등

입 항 보 고 : - 투묘 또는 접안 즉시: 선명, 정박지, 접안장소, 도착시간

이 동 보 고 : - 이동예정 10분 전: 선명, 현 위치, 이동예정 위치
- 이동 전·후 즉시: 선명, 이동시작/완료 장소·시간

출 항 보 고 : - 출항예정 10분 전: 선명, 현 위치
- 출항 즉시: 선명, 호출부호, 출항장소·시간, 목적지, 화물종류·적재량 등

진 출 보 고 : - 관제구역 이탈 시: 선명, 통과위치

Entry Report : Entering VTS area: Ship's name, Call sign, Last port, Destination, Cargo type&Quantity, ETA
Advance notice of Arr.(2' off Harbour Limit): Ship's name, Call sign, Anchorage or Berth No., etc

Arrival Report : Arr. Report(After Berthed or Anchored): Ship's name, Call sign Berthed(Anchored) time

Shifting Report : 10 minutes prior to move: Call sign, position(from to go) & time
Shifting Report: Ship's name, Before & Upon shifting position & time

Departure Report : 10 minutes prior to dep.: Ship's name, Call sign, Departure position, ETD
Dep Report: Ship's name, unberthed time, Position, Destination, Cargo Type&Quantity

Leaving the VTS area : Ship's name, Position

준수사항 Compliance provisions

- 관제구역 내 VHF CH.16 및 CH.12(동해VTS)/CH.14(호산VTS)를 청취
- 관제구역 내 모든 선박은 국제해상충돌 예방규칙을 준수하여야 함
- 각 항만 입항 시 항행위험요소 파악 및 안전통항 철저
- 관제구역 내 사고, 항행장애물, 유류오염 등 발견시 즉시 VTS에 통보
- 특히 속초항을 입출항하는 선박은 VHF CH.16 청수, 어선 및 AIS·VHF 미설치 선박 주의하고, 통항금지구역 우회하여 항해
  * 「속초항 부근 통항금지구역 지정 고시」준수

- Stand-by VHF CH.16 and CH.12(DongHae VTS)/CH.14(Hosan VTS) at all times
- All vessels in the VTS area should observe COLREGs
- Ascertain obstruction to navigation and Keep safe navigation when vessels enter & depart each port
- All vessels should report to VTS when the vessels encountered any harmful event including accident in VTS area, obstruction to navigation, oil spill, etc
- Especially, All vessels entering&departing Sokcho port should stand-by VHF CH.16, watch out fishing boats and vessels without AIS, detour prohibited area

□ 포항항 해상교통관제센터

운영개요 Overview

호출명칭 Name of Call	적용 항만(수역) Application Port(Water)	VHF 통신 채널 Assigned VHF Channel	관제구역 면적(㎢) VTS Area Extent	전 화 Tel	전 송 Fax	운영 시간 Operating Hours
포항 브이티에스 Pohang VTS	포항 신항 Pohang Sinhang 영일만항 Youngilman Hang 포항 구항 Pohang Guhang	CH.12(Sector 1, 2) CH.16(Emergency and when calling)	관제구역 총면적 (A=B+C) : 1,062㎢ ○ 항계 내(Ba) : 961.1㎢	(054) 750-2550 750-2650 750-2750	(054) 750-2850	24시간 24 hours

관제대상 선박 Category of vessels required to report

- 국제항해에 종사하는 선박
- 총톤수 300톤 이상의 선박(단, 내항어선은 제외한다.)
- 「해사안전법」 제2조제6호에 따른 위험화물운반선
- 부선이나 구조물을 끌거나 밀어서 이동시키는 선박자동식별장치(AIS)를 설치한 예인선
- 여객선
- 총톤수 2톤 이상의 선박자동식별장치(AIS)를 설치한 유선
- 선박길이 45m 이상의 어선
- 총톤수 300톤 미만의 선박자동식별장치(AIS)를 설치한 다음 어느 하나에 해당하는 선박
  - 선박입출항법 제2조제4호에 따른 예선
  - 선박입출항법 제2조제5호라목에 따른 급수선·급유선·도선선·통선
  - 공사 또는 작업에 종사하는 선박
  - 해양조사선·순찰선·표지선·측량선·어업지도선·시험조사선 등 행정목적으로 운영하는 관공선

- Vessels engaged in international voyage
- Vessels of more than 300 G/T(except for fishing boats engaged in the inner harbor)
- Vessels carrying hazardous cargo defined in Subparagraph 6 of Article 2 of the Maritime Safety Act
- Towing vessels installed with AIS devices which maneuver barges or floating structures by pushing or towing
- Passenger ships
- Ferries over 2 G/T installed with an AIS device
- Fishing boats in length of 45m and upwards
- In any of the following one that Vessel under 300 G/T installed with AIS devices
  - Towing vessel defined in Subparagraph 4 of Article 2 of the Act on the Arrival, Departure, ETC. of Vessels
  - Water supply ships, Fuel oil supply vessels, Pilot boats, service boats defined in Subparagraph 5 of Article 2 of the Act on the Arrival, Departure, ETC. of Vessels
  - Vessels engaged in harbor construction work
  - Operating for the purpose of administrative, Maritime survey ships, Patrol boats, Navigation aid ships, Survey ships, Fishery inspection boats, Test survey ships

보고절차 Reporting procedures

진 입 보 고 : 관제구역 진입 시
- 선명, 호출부호 　- 입항예정시간
- 출항지, 차항지, 통과위치 　- 기타 항행안전에 필요한 사항
* 통과선박의 경우 입항예정시간은 보고에서 제외

입 항 보 고 : 접안 또는 정박 시
- 선명, 호출부호 　- 입항장소 및 입항시간

이 동 예 정 보 고 : 이동예정 10분 전
- 선명, 호출부호 　- 이동예정장소
- 이동시작 장소 및 예정시간

이 동 보 고 : 이동 전·후 즉시
- 선명 　- 이동완료 장소 및 시간
- 이동시작 시간

출 항 예 정 보 고 : 출항예정 10분 전
- 선명, 호출부호 　- 출항예정시간
- 출항장소

출 항 보 고 : 출항즉시
- 선명 　- 목적지
- 출항장소 및 출항시간 　- 기타 항행안전에 필요한 사항

진 출 보 고 : 관제구역 이탈 시
- 선명 　- 통과위치

Entry Report : On passing the Reporting lines
- Ship's name, Call sign 　- ETA
- Last port of call, Destination, Position 　- Type and quantity of cargo etc.

Arrival Report : After Berthing or Anchoring
- Ship's name, Call sign 　- Berthed(Anchored) time

Advance notice of shifting : 10 minutes prior to move
- Ship's name, Call sign 　- Shifting position
- Shifting position & Time

Shifting Report : Before & Upon shifting
- Ship's name 　- Shifting position & time
- Shifting time

Advance notice of Departure : 10 minutes prior to departure
- Ship's name, Call sign 　- ETD
- Departure position

Departure Report : Upon departure
- Ship's name 　- Destination
- Departure time, Position 　- Type and quantity of cargo etc.

Leaving Report : Leaving the VTS area
- Ship's name 　- Position

준수사항 Compliance provisions

- 관제구역 내 VHF CH.12, 16 청취 의무
- 항만 입·출항·이동 시 보고 철저
- 입·출항 시 항법 준수
- 항계 내 항해안전 위해요소 발견 시 즉시 통보
- 출항(이동)하고자 하는 선박은 10분 전 출항(이동)예정보고 준수

- Stand-by VHF CH.12, 16 in VTS area
- Ensure the report of arrival, departure and shifting
- Comply with traffic regulation in the VTS Area
- All vessels should report to VTS immediately when encountered with any harmful event for safe traffic of vessels.
- Vessels should report to VTS at 10 minutes prior to move(departure/shift)

마 제주지방해양경찰청

□ 제주항 해상교통관제센터

운영개요 Overview

호출명칭 Name of Call	적용 항만(수역) Application Port(Water)	VHF 통신 채널 Assigned VHF Channel	관제구역 면적(㎢) VTS Area Extent	전 화 Tel	전 송 Fax	운영 시간 Operating Hours
제주 브이티에스 Jeju VTS	제주항 및 인근수역 Jeju Port & Nearby Water	CH 12(Main) CH 16(Emergency and when calling)	관제구역 총면적 (A=B+C) : 896㎢ ○ 항계 내(B) : 4㎢ ○ 항계 밖(C) : 892㎢	(064) 801-2550	(064) 801-2850	24시간 24 hours
서귀포 브이티에스 Seogwipo VTS	서귀포항 강정지구 (민군복합항) 및 인근수역 Gangjeong District of Seogwipo Port (Seogwipo Cruise Terminal) & Nearby Water	CH 12(Main) CH 16(Emergency and when calling)		(064) 801-2650		

- **레이더 음영구역으로 관제구역 지정이 안된 서귀포항 내는 단순 선박 입출항 보고 접수 및 해양사고 시 상황 접수, 전파업무만을 수행함.**
- In the port of Seogwipo, which is not designated as a VTS area due to the shadow zone, only receive arrival & departure report and carry out duties for a receipt and spread the situation in case of a marine accident

관제대상 선박 Category of vessels required to report

- 국제항해에 취항하는 선박
- 총톤수 300톤 이상의 선박(단, 내항어선은 제외한다.)
- 「해사안전법」 제2조제6호에 따른 위험화물운반선
- 부선이나 구조물을 끌거나 밀어서 이동시키는 선박자동식별장치(AIS)를 설치한 예인선
- 여객선
- 총톤수 2톤 이상의 선박자동식별장치(AIS)를 설치한 유선
- 선박길이 45m 이상의 어선
- 총톤수 300톤 미만의 선박자동식별장치(AIS)를 설치한 다음 어느 하나에 해당하는 선박
  - 선박입출항법 제2조제4호에 따른 예선
  - 선박입출항법 제2조제5호라목에 따른 급수선·급유선·도선선·통선
  - 공사 또는 작업에 종사하는 선박
  - 해양조사선·순찰선·표지선·측량선·어업지도선·시험조사선 등 행정목적으로 운영하는 관공선

- Vessels engaged in international voyage
- Vessels of more than 300 G/T(except for fishing boats engaged in the inner harbor)
- Vessels carrying hazardous cargo defined in Subparagraph 6 of Article 2 of the Maritime Safety Act
- Towing vessels installed with AIS devices which maneuver barges or floating structures by pushing or towing
- Passenger ships
- Ferries over 2 G/T installed with an AIS device
- Fishing boats in length of 45m and upwards
- In any of the following one that Vessel under 300 G/T installed with AIS devices
  - Towing vessel defined in Subparagraph 4 of Article 2 of the Act on the Arrival, Departure, ETC. of Vessels
  - Water supply ships, Fuel oil supply vessels, Pilot boats, service boats defined in Subparagraph 5 of Article 2 of the Act on the Arrival, Departure, ETC. of Vessels
  - Vessels engaged in harbor construction work
  - Operating for the purpose of administrative; Maritime survey ships, Patrol boats, Navigation aid ships, Survey ships, Fishery inspection boats, Test survey ships

보고절차 Reporting procedures

진 입 보 고 : ▶ 관제구역 진입 시
※ 서귀포항 강정지구 입항선박의 경우 항계선 도착 1시간 전 또는 관제구역 진입시(선명, 호출부호, 출항지, 차항지, 통과위치, 입항예정시간, 화물종류 및 적재량, 승선인원)
※ 통과선박의 경우 보고내용 중 입항예정시간, 화물종류 및 적재량은 제외
▶ 산지등대로부터 5마일 전(선명, 통과위치)
※ 선박이 제주항으로 입항하는 경우에 한함

입 항 보 고 : 접안 또는 정박 시(선명, 호출부호, 입항장소 및 입항시간)

이 동 보 고 : ▶ 이동예정 10분 전(선명, 호출부호, 이동예정장소, 이동예정시간)
▶ 이동 전·후 즉시(이동완료시간, 이동완료장소)

출 항 보 고 : ▶ 출항예정 30분 전 / 5분 전(선명, 호출부호, 출항예정시간)
▶ 출항 즉시(출항장소 및 출항시간, 목적지, 승선인원, 화물종류 및 적재량)

진 출 보 고 : 관제구역 이탈 시(선명, 통과위치)

Entry Report ▶ Entering the VTS area
※ In case of vessel entering SEOGWIPO Cruise Terminal, vessel should make ETA notice 1hour before arrival of the harbour limits or entering the VTS area(Ship's name, Call sign, Last port of call, Destination, Position, ETA, Cargo & quantity, Number of Crew & Passenger)
▶ 5 miles Notice from San Ji Light house(Ship's name, Position)
※ In case of vessel entering Jeju Port

Arrival Report After Berthing or Anchoring(Ship's name, Call sign, Berthed(Anchored) Time)

Shifting Report ▶ 10 Minutes before Shifting(Ship's name, Call sign, Shifting Position & Time)
▶ Before & Upon Shifting(Ship's name, Shifting Position & Time)

Departure Report ▶ 30 & 5 Minutes before Departure(Ship's name, Call sign, ETD)
▶ Upon Departure(Departure time, Position, Destination, Cargo, Number of Crew & Passenger)

Leaving Report Leaving the VTS area(Ship's name, Position)

준수사항 Compliance provisions

- (관제통신 청취·응답) 관제구역에서 VHF CH 12, CH 16 청취 의무
- (관제지시 준수) 관제구역에서 출입·통항하는 선박은 선박교통관제에 따라야 함
- (관제보고 준수) 관제구역을 출입하려는 때에는 VTS 센터에 보고하여야 함
- (항법 및 안전속력 준수) 입출항시 항법 준수 및 제주항 항행속력 준수 (일반선박 10노트, 초쾌속선 12노트 이하)
- 관제구역에서 항행안전 저해요소 발견시 즉시 통보

- (Listening and responding to VTS communications) Stand-by VHF CH 12 & CH 16 in the VTS Area
- (Compliance with VTS's instructions) A vessel in the VTS area should follow the order of VTS center
- (Observance of report to VTS) When a vessel entering & leaving the VTS area, should report to the VTS
- (Observance of traffic reg.&sp'd restriction) Comply with the traffic regulation and speed restriction (Hight speed crafts : less than 12kts, Other vessels : less than 10kts, only JEJU port)
- All vessels should report to VTS immediately when discovered the obstructions of navigational safety in VTS area

02 VTS와 해상통신

가 통신방법과 조난통신(전파법)

□ 통신방법

○ 무선국은 과학기술정보통신부장관이 정하여 고시하는 바에 따라 무선국의 호출방법·응답방법·운용시간·청취의무, 그밖에 통신방법 등에 관한 사항을 지키며 운용하여야 한다.

□ 조난통신

○ 의무선박국 또는 의무항공기국이 갖추어야 할 사용주파수와 전파형식 등의 조건은 과학기술정보통신부장관이 정하여 고시한다.

○ 무선국은 조난통신을 수신한 경우에는 다른 모든 무선통신에 우선하여 즉시 응답하고 조난을 당한 선박이나 항공기를 구조하기 위하여 가장 편리한 위치에 있는 무선국에 통보하는 등 최선의 조치를 하여야 하고,

○ 긴급통신이나 안전통신을 수신한 경우에는 과학기술정보통신부장관이 정하여 고시하는 바에 따라 필요한 조치를 하여야 한다.

나 무선국의 운용 등에 관한 규정[중앙전파관리소 고시]

□ **통신보안 준수사항** 시설자는 무선국을 운용함에 있어 아래 사항을 준수하여 통신보안사고가 발생하지 아니하도록 하여야 한다.

① 자체 통신보안업무계획의 수립 및 시행

② 무선국 허가사항 준수

③ 비밀 및 대외비 내용의 통신 시 보안자재 사용
④ 필요 이상의 무선통신 사용억제
⑤ 비인가 보안자재 상용금지
⑥ 통신장비 설치장소의 보호구역 설정 및 출입통제
⑦ 통신보안 책임자 지정
⑧ 무선종사자에 대한 통신보안 교육 이수

□ **통신보안 위반 사항** 시설자 등은 무선통신을 행할 때에는 아래의 통신보안 위반사항이 발생하지 아니 하도록 하여야 한다.

<표 2-1> 무선국의 운용 등에 관한 규정 [별표 2]

조	내용	항	세부내용
1	불온통신에 관한 사항	가	북한통신소와의 교신 행위
		나	국내 침투 간첩과 교신 행위
		다	반국가적 행위의 수행을 목적으로 하는 내용
		라	범죄행위를 목적으로 하거나 범죄행위를 교사하는 내용
2	군사비밀(경찰포함)누설에 관한 사항	가	전략, 작전계획 및 진행사항
		나	병력(군·경·예비군)의 현황 및 동원사항
		다	군사시설의 현황, 성능, 생산, 공급에 관한 사항
		라	기타 국가방위에 영향을 초래하는 사항
3	국가외교 비밀에 관한 사항	가	재외공관에 발하는 훈령의 내용
		나	외교에 관한 방침, 계획 및 집행에 관한 사항
		다	기타 국가외교에 영향을 초래하는 사항
4	국가행정 비밀에 관한 사항	가	대공관계자 신원조사 및 통신보안 회합에 관한 사항
		나	대공관련 보고·신고 및 검문·검색계획에 관한 사항
		다	기타 국가 시책에 영향을 초래하는 사항
5	정보·첩보에 관한 사항	가	국가원수의 비공개 행사계획 및 진행사항
		나	간첩 및 용의자의 출현 및 수사 활동 사항
		다	기타 국가안보 및 공안 유지에 중대한 영향을 초래하는 정보·첩보에 관한 사항
6	보안자재 및 비밀통신제원에 관한 사항	가	암호의 누설 행위
		나	비인가된 암호의 사용 행위
		다	암호와 평문의 혼합사용 및 암호의 평문 이중송신 행위
		라	기타 통신자재보안 및 통신운용에 유해로운 사항
7	국가 산업정보에 관한 사항	가	적 또는 경쟁국의 유리한 과학기술 사항
		나	기타 산업에 관한 정보

□ **조난통신의 취급**

○ 해안국 및 선박국은 조난통신을 수신한 때에는 조난통신을 방해할 우려가 있는 전파의 발사를 즉시 중지하여야 한다. 경보신호를 수신한 때에도 또한 같다.

○ 조난통보를 수신한 해안국 및 선박국은 이 절에 규정된 사항 외에 응답 기타 조난통신을 위하여 필요한 최선의 조치를 행하여야 한다.

□ **긴급통신의 취급** 해안국 및 선박국은 긴급신호를 수신한 때에는 조난통신을 행하는 경우 외에는 최소한 3 분 이상 계속하여 이를 수신 하여야 한다.

□ **안전통신의 취급** 해안국과 선박국은 안전신호를 수신한 때에는 그 통신이 자국과 관계없다는 것을 확인할 때까지 안전통신을 수신 하여야 한다.

다 무선통신업무와 무선국의 종류

□ **무선국이란** 무선설비와 무선설비를 조작하는 자의 총체를 말한다. 다만, 방송수신만을 목적으로 하는 것은 제외하고 있다. VTS 업무와 관련된 무선통신 업무와 이에 따른 무선국의 종류는 다음과 같다.

○ **고정업무** 일정한 고정지점간의 무선통신업무

○ **이동업무** 이동국과 육상국 간, 이동국 상호 간 또는 이동중계국의 중계에 의한 이들 상호간의 무선통신업무

○ **해상이동업무** 선박국과 해안국 간, 선박국 상호 간 또는 선상통신국 상호 간의 무선통신업무

○ **무선측위업무** 무선측위를 위한 무선통신업무

○ **무선항행업무** 무선항행을 위한 무선측위업무

○ **해상무선항행업무** 선박을 위한 무선항행업무

○ **무선탐지업무** 무선항행업무 외의 무선측위업무

○ **무선방향탐지업무** 무선방향탐지를 위한 무선측위업무

○ **무선표지업무** 이동국에 대하여 전파를 발사하여 그 전파발사 위치에서의 방향 또는 방위를 그 이동국으로 하여금 결정하게 할 수 있도록 하기 위한 무선항행업무

○ **해상이동위성업무** 선박에 설치된 이동지구국이 하는 이동위성 업무(구명부기국 및 비상위치지시용 무선표지국이 하는 업무를 포함한다)

○ **고정국** 고정업무를 행하는 무선국

○ **해안국** 선박국과 통신을 하기 위하여 육상에 개설하고 이동하지 아니하는 무선국

○ **이동국** 이동 중 또는 특정하지 아니하는 지점에서 정지 중에 이동업무를 행하는 무선국으로서 선박국·육상이동국·항공기국 및 선상통신국에 해당하지 아니하는 무선국

○ **이동중계국** 기지국과 육상이동국, 육상국과 이동국, 육상이동국 상호간 및 이동국 상호 간의 통신을 중계하기 위하여 육상에 개설하고 이동하지 아니하는 무선국 및 선박에 개설하는 무선국

○ **선박국** 선박에 개설하여 해상이동업무를 행하는 무선국

○ **선상통신국** 선박의 선내통신, 구명정의 구조훈련 또는 구조작업이 행하여지는 때의 선박과 그 구명정이나 구명뗏목 간의 통신, 끄는 배와 끌리는 배 또는 미는 배와 밀리는 배로 구성되는 선단 내의

통신과 밧줄연결 및 계류지시를 목적으로 하는 해상이동업무의 저전력의 이동국

○ **무선측위국** 무선측위를 하는 무선국으로서 무선방향탐지국·무선표지국·무선항행육상국·무선항행이동국·무선탐지육상국·무선탐지이동국 및 비상위치지시용무선국에 해당하지 아니하는 무선국

○ **무선표지국** 무선표지업무를 행하는 무선국

○ **해안지구국** 육상의 특정지점에 개설하여 해상이동위성업무를 행하는 지구국

○ **선박지구국** 선박에 개설하여 해상이동위성업무를 행하는 이동지구국

라 무선국 허가증 기재사항

□ **과학기술정보통신부장관은** 심사한 결과 그 신청이 심사기준에 부합된다고 인정하는 때에는 그 무선국의 개설을 허가하고 신청인에게 무선국의 준공기한 기타 사항이 기재된 허가증을 교부하여야 한다. **무선국 허가증의 기재사항**은 다음과 같다.

◦ 허가연월일 및 허가번호 ◦ 시설자의 성명 또는 명칭 ◦ 무선국의 종별 및 명칭 ◦ 무선국의 목적 ◦ 통신의 상대방 및 통신사항 (방송국의 경우에는 방송사항 및 방송구역을 말한다) ◦ 무선설비의 설치장소 ◦ 허가의 유효기간 ◦ 호출부호 또는 호출명칭

◦ 전파의 형식.점유주파수대폭 및 주파수
◦ 공중선전력
◦ 공중선의 형식.구성 및 이득
◦ 운용허용시간
◦ 무선종사자의 자격 및 정원
◦ 무선국의 준공기한
◦ 시험전파의 발사기간 및 내용
(시험전파의 발사를 신청한 경우만 해당한다)
◦ 무선기기의 명칭 및 기기일련번호

마 무선국의 운용 관련 규정

□ **허가증 기재사항의 준수** 무선국은 사용승인서, 허가증 또는 무선국 신고증명서에 적힌 사항의 범위에서 운용하여야 한다. 다만, 다음의 어느 하나에 해당하는 통신을 하는 경우에는 그러하지 아니하다.

○ **조난통신** 선박이나 항공기가 중대하고 급박한 위기에 처한 경우에 조난신호를 먼저 보낸 후에 하는 무선통신을 말한다.

○ **긴급통신** 선박이나 항공기가 중대하고 급박한 위험에 처할 우려가 있는 경우나 그 밖에 긴박한 사태가 발생한 경우에 긴급신호를 먼저 보낸 후에 하는 무선통신을 말한다.

○ **안전통신** 선박이나 항공기의 항행 중에 발생하는 중대한 위험을 예방하기 위하여 안전신호를 먼저 보낸 후에 하는 무선통신을 말한다.

○ **비상통신** 지진·태풍·홍수·해일·화재, 그 밖의 비상사태가 발생하였거나 발생할 우려가 있는 경우로서 유선통신을 이용할 수 없거나 이용하기 곤란할 때에 인명의 구조, 재해의 구호, 교통통신의 확보 또는 질서유지를 위하여 하는 무선통신을 말한다.

○ **기타 대통령령이 정하는 다음의 통신**

- 무선기기의 시험 또는 조정을 하기 위하여 행하는 통신
- 기상의 조회 또는 시각의 조합을 위하여 행하는 해안국과 선박국간, 선박국 상호간 또는 항공국과 항공기국간, 항공기국 상호간의 통신
- 의료통보에 관한 통신
- 선박 또는 항공기의 위치통보에 관한 통신
- 방위를 측정하기 위하여 하는 해안국과 선박국 간, 선박국 상호간의 통신
- 선박국에서 그 시설자의 업무를 위한 전보를 해안국에 보내기 위하여 행하는 통신
- 국가 또는 지방자치단체의 해안국과 선박국 간 또는 선박국 상호간에 하는 항만 내에서의 선박의 교통, 해상 유류오염발생, 항만 내의 정리, 그 밖의 항만 내에서의 단속, 해당 검역사무에 관한 통신
- 해안국과 어선의 선박국 간 또는 어선의 선박국 상호 간에 하는 어업통신 또는 어로의 지도·감독에 관한 통신
- 해상보안을 위한 해상이동업무 또는 항공이동업무의 무선국과 그 밖의 선박국, 항공기국 또는 무선측위업무의 무선국 간에 하는 해상보안업무에 관한 시급한 통신
- 비상통신의 통신체제 확보를 위한 훈련 목적의 통신

□ 혼신 등의 방지

○ 무선국은 다른 무선국의 운용을 저해할 혼신이나 그 밖의 방해를 하지 아니하도록 운용하여야 한다. 다만, 조난통신, 긴급통신, 안전통신 및 비상통신에 관하여는 그러하지 아니하다.

□ 통신의 우선순위

○ 해상이동업무에 있어서의 통신의 우선순위는 다음과 같다.

1. 조난통신
2. 긴급통신
3. 안전통신
4. 그 밖의 통신(무선측위, 항공기 운항, 선박운항, 기상관측통보, 기타)

* 해상이동업무에서 취급하는 비상통신은 긴급도에 따라 안전통신 이하의 적절한 순위를 설정하여 행할 수 있다.

□ 조난통신주파수의 사용 제한

○ 2,182㎑, 156.8㎒의 전파의 사용은 다음에 한한다.

- 조난통신, 긴급통신 및 안전호출을 하는 경우
- 호출 또는 응답하는 경우
- 준비신호를 송신하는 경우
- 이들 주파수 전파를 발사하여야만 무선설비의 기기의 시험 또는 조정을 할 수 있는 경우. 다만, 2,182㎑ 또는 156.8㎒에 대한 무선전화 경보신호의 시험은 이들 주파수가 아니면 운용할 수 없는 비상용 무선설비에 한하고 또한 반드시 의사공중선회로를 사용하여야 하며, 조난통신, 긴급통신 및 안전호출을 하는 경우를 제외 하고 1분 이상 행하여서는 아니 된다.

□ 통신의 지휘

○ 해안국과 선박국과의 통신에 있어서 선박국은 '통신의 순서 및 시각', '주파수의 선택' 및 '통신의 시간 및 중지'에 관한 모든 사항에 대하여 해안국의 지시에 따라야 한다.

○ 선박국 상호간의 통신에 있어서는 피호국이 위의 방법으로 통신을 지휘한다. 다만, 해안국이 개입할 필요하다고 인정하는 때에는 선박국은 해안국의 지시에 따라야 한다.

□ 무선전화에 의한 통신 방법

○ 무선전화의 호출은 중단파대에서는 2,182㎑ 또는 해안국이 청수하는 통신주파수로, 초단파대에서는 156.8㎒(Ch. 16)의 호출·응답 주파수로 행하는 것을 원칙으로 한다.

□ 호출방법

○ 호출은 다음 사항으로 구성한다.

피호국의 호출부호 또는 다른 식별표시	3회 이하
"THIS IS"의 어휘	1회
호출국의 호출부호 또는 다른 식별표시	3회 이하

○ 그러나 초단파대(156~174㎒)에서 연락설정의 조건이 양호할 때에는 위의 호출은 다음 사항으로 대체할 수 있다.

피호국의 호출부호 또는 다른 식별표시	1회
"THIS IS"의 어휘	1회
호출국의 호출부호 또는 다른 식별표시	2회

○ 한 개 이상의 채널상에서 운용되는 VHF해안국을 호출하는 경우, 통신용 채널로 호출하는 선박국은 그 채널번호를 호출에 포함하여야 한다.

○ 연락이 설정된 후에는 호출부호 또는 다른 식별표시는 1회에 한하여 전송할 수 있다.

○ 호출 및 통신의 준비신호는 조난·긴급 또는 안전의 경우를 제외하고 2,182㎑ 또는 156.8㎒(채널 16)의 주파수로 행하여지는 때에는 1분간을 초과하여서는 아니 된다.

□ 응답방법

○ 선박국이 2,182㎑ 또는 156.8㎒(채널 16)로 호출을 받은 때에는 호출국이 다른 주파수를 표시하지 않는 한 그 주파수(채널)로 응답하여야 한다.

○ 중단파대에서의 호출에 대한 응답형식은 다음과 같다.

피호국의 호출부호 또는 다른 식별표시	3회 이하
"THIS IS"의 어휘	1회
호출국의 호출부호 또는 다른 식별표시	3회 이하

○ 그러나 초단파대(156~174㎒)에서 연락설정의 조건이 양호할 때의 응답은 다음 사항으로 대체할 수 있다.

피호국의 호출부호 또는 다른 식별표시	1회
"THIS IS"의 어휘	1회
호출국의 호출부호 또는 다른 식별표시	2회

□ 통신에 사용할 주파수의 표시

○ 해안국과 선박국이 중단파대의 2182㎑로 연락이 된 때에는 통신의 교환을 위해 중단파대의 통신주파수로, VHF대의 156.8㎒(채널 16)로 연락이 된 때에는 통신을 위한 채널을 바꾸어 전송한다는 뜻을 표시하여야 한다.

○ 피호국이 호출국에 동의하는 때에는 다음 사항을 전송하여야 한다.

- 호출국이 통지한 통신주파수 또는 채널로 이후 청취한다는 표시
- 피호국이 호출국의 통신을 수신할 준비가 되었다는 표시

○ 피호국이 사용할 통신주파수 또는 채널에 대하여 호출국에 동의하지 아니할 때에는, 피호국은 희망하는 통신주파수 또는 채널의 표시를 전송하여야 한다.

○ 해안국과 선박국간의 통신에 있어서 해안국은 사용할 주파수 또는 채널을 최종적으로 결정하여야 한다.

○ 호출국이 통신에 사용할 통신주파수 또는 채널에 관하여 합의가 이루어 진 때에는 피호국은 통신을 수신할 준비가 되었다는 것을 표시하여야 한다.

바 통신방법과 조난통신(선박안전법)

□ GMDSS 무선설비 설치대상 선박

○ 다음 어느 하나에 해당하는 선박소유자는 「해상에서의 인명안전을 위한 국제협약」에 따른 세계 해상조난 및 안전제도의 시행에 필요한 무선설비를 갖추어야 한다. 이 경우 무선설비는 「전파법」에 따른 성능과 기준에 적합하여야 한다.

- 국제항해에 취항하는 여객선
- 상기 선박 외에 국제항해에 취항하는 총톤수 300톤 이상의 선박

○ 상기 규정에 따른 선박 외에 해양수산부령이 정하는 선박에 대하여는 해양수산부령이 정하는 기준에 따른 무선설비를 갖추어야 한다. 이 경우 무선설비는 「전파법」에 따른 성능과 기준에 적합하여야 한다.

○ 상기 규정에 따른 무선설비를 갖추지 아니하고 선박을 항해에 사용하여서는 아니 된다. 다만, 임시항해검사증서를 가지고 1회의 항해에 사용하는 경우 또는 시운전을 하는 경우에는 그러하지 아니하다.

○ <표 2-2>는 선박안전법의 규정에 의하여 국제해상인명안전협약(SOLAS)에 의한 세계해상조난 및 안전제도(GMDSS)에 의하여 선박국에 갖추어야할 무선설비이다.

<표 2-2> GMDSS 선박의 무선설비의 설치기준

무선설비의 종류 / 적용 선박	초단파대 무선설비(무선전화 및 디지털선택호출장치)	중단파대 또는 중단파대 및 단파대무선설비 (무선전화 및 디지털선택호출장치)	네비텍스 수신기	위성비상위치지시용무선표지설비 (EPIRB)	레이더트랜스폰더 (SART)	양방향초단파대무선전화 장치 (2-way VHF)
가. 평수구역을 항해구역으로 하는 선박	1					
나. 연해구역 이상을 항해구역으로 하는 선박						
1) 국제항해에 취항하지 아니하는 총톤수 300톤 미만의 것	1			1		
2) 국제항해에 취항하는 총톤수 300톤 미만의 것	1	1		1		
3) 총톤수 300톤 이상의 것	1		1	1	1	1

사 국제전기통신연합(ITU) 전파규칙

□ 조난 및 안전통신 주파수

○ 디지털 선택호출용(DSC)

- 2187.5KHz, 4207.5KHz, 6312.0KHz, 8414.5KHz, 12577.0KHz, 16804.5KHz, 156.525MHz

○ 무선전화용

- 2182KHz, 4125KHz, 6215KHz, 8291KHz, 12290KHz, 16420KHz, 156.8MHz

□ GMDSS용 조난 및 안전통신 주파수의 청수

○ **해안국** GMDSS에서 청수책임이 있는 해안국(선박교통관제센터)은 해안국 국명록에 표시된 주파수와 시간동안 DSC로 청수하여야 한다. 참고로 선박교통관제센터 운영시간은 24시간 상시 DSC 또는 음성조난 주파수를 청수하여야 한다.

○ **선박국** GMDSS 선박국은 항해 중 선박국이 운용하는 주파수대에서의 해당 조난 및 안전호출 장치(MF/HF RADIO, VHF)로 DSC 청수를 계속하여야 한다.

□ 조난통신의 지휘 및 통제

○ 수색 및 구조작업을 조정할 책임이 있는 구조조정본부는 그 사고에 관련된 조난통신을 관장하거나 다른 국에 관장하도록 위임할 수 있다.

○ 조난통신을 통제하는 구조조정본부, 수색 및 구조작업을 조정하는 조직체 또는 선박교통관제센터는 그 조난통신에 혼신을 야기하는 국에 침묵을 명할 수 있다.

○ 조난통신 종료 전까지 조난통신을 행하고 있는 주파수로 송신하여서는 안 된다.

○ 다만 조난통신 종료 시 신속하게 구조조정본부(선박교통관제센터)는 조난통신이 종료되었다는 것을 나타내는 통보를 송신하여야 한다.

아 SOLAS 규정

SOLAS 협약 제IV장(무선통신)에서 규정되어 있는 내용 중에서 선박교통관제센터와 관련 있는 내용은 다음과 같다.

□ 무선설비의 설치 : 모든 선박은 다음 것을 송신 및 수신할 수 있는 VHF 무선설비를 구비하여야 한다.

○ 다음 것을 송신 및 수신할 수 있는 VHF 무선설비 주파수 156.525MHz(채널70)에 의한 DSC

- 이것은 선박을 통상 조선하는 장소에서 채널 70으로 조난경보의 송신을 개시할 수 있는 것이어야 한다.

○ 주파수 156.300MHz(채널6번), 156.650MHz(채널13) 및 156.8MHz (채널16)에 의한 무선전화

○ VHF 채널 70에서 무휴의 DSC 청수를 유지할 수 있는 무선설비

- 이것은 VHF DSC와 분리 또는 결합한 것으로 할 수 있다.

○ 9GHz대의 주파수로 운용할 수 있는 레이더 트랜스폰더

- 이것은 쉽게 이용할 수 있도록 격납할 수 있을 것, 구명정용 레이더 트랜스폰더로 충당할 수 있다.

○ Inmarsat의 고기능집단호출(EGC) 시스템에 의한 해사안전정보를 수신하기 위한 무선설비

- 이것은 당해 선박이 국제 NAVTEX업무가 제공되지 않는 Inmarsat의 통신범위내의 해역의 항해에 종사하는 경우에 한한다.

○ 비상위치지시용 무선표지설비(EPIRB)

- 이것은 406MHz대로 운용하는 극궤도 위성업무를 경유하여 조난경보를 송신할 수 있을 것, 아울러 선박이 침몰하는 경우에는 자유로이 부양할 수 있고 또 부양한 때에는 자동적으로 작동할 수 있을 것

□ 청수 의무

○ 선박교통관제센터(육상국)는 다음에 의하여 무휴청수를 유지하여야 한다.

- ▸ **VHF** 채널 16
- ▸ **VHF DSC** 채널 70
- ▸ **MF/HF DSC** 2,187.5KHz, 4,207.5KHz, 6,312KHz, 12,577KHz, 16,804.5KHz
- ▸ **MF/HF** 무선전화 2,182KHz

05 해양사고 발생 시 보고 및 대응절차

해양사고 유형	선박측 보고사항	VTS 센터 조치 사항
공통	사고개요(사고발생일시, 장소, 원인), 선박제원, 피해사항(인명·물적·오염) 등	
충돌	사고선박의 침수/침몰여부 등	① 침몰, 좌초, 화재, 사상자, 해양오염 등 추가적인 사고발생 유의 ② 침몰 또는 좌초 발생시 정확한 위치 및 시간을 파악
좌초/침몰	사고선박의 침수/침몰여부, 선원의 대피 상황 등	① 사상자, 해양오염 발생 등 추가적인 사고발생 유의 ② 정확한 위치를 파악하여 주변 항행 선박들에 경고, 2차사고 예방
유류오염	오염원인, 오염의 종류와 규모, 화재위험성, 기상상태, 조류방향, 시정 등	① 오염물질의 종류, 유출량, 범위 등을 파악, 방제작업이 원활히 이루어질 수 있도록 지원 ② 오염지역을 항행선박이 통과하여 2차 오염이 발생되지 않도록 통과 유도
화재/폭발	사고선박의 침수/침몰여부, 2차 화재폭발사고 여부, 선원의 대피 상황 등	① 사상자 발생가능성이 높으므로 유의 ② 접안중인 선박에서 화재발생시 화재의 진압여부에 따라 항만시설의 안전을 위해 관련기관과 협의, 강제이안 후 항계밖으로 이동조치를 할 수 있음
환자/사망자/익수자	인명피해 상세(성명, 성별, 나이, 직업 등)	① 익수자 발생시 항행경고방송을 시행하여 주변 항행선박들이 사고지점을 피하여 항행하도록 하고 필요시 구조 요청 ② 사고선박, 관제센터, 해경 간의 통신 유지

III. 선박교통관제 관련 규정 및 제반 준수 사항

1. 선박교통관제에 관한 규정
2. 관제대상선박의 범위
3. 관제대상선박의 선장의 의무
4. 관제통신의 녹음
5. 관제업무 절차
6. 보고 절차
7. 선박교통관제사의 권한

01 선박교통관제에 관한 규정

가 국내법

제 명	주요내용(규칙명)	비고
선박교통관제에 관한 법률	· 기본계획(5년 단위) 및 시행계획(매년) 수립.시행 * VTS 정책수립, 제도개선 계획 등 수립, 중앙행정기관・지자체와 협력 · VTS 설치·운영, 관제사자격, 시설관리 등 법적근거 강화 * 선장의 의무, 관제사 권한, 관제사 자격기준, 시설 설치・기술기준 제정 · VTS 연구개발 지원·산업육성 제도 마련 * 교육훈련 및 연구기관 지원, 관제협회 설립 및 지원 법적 근거 신설 등	
선박교통관제에 관한 법률 시행령	· 관제구역의 설정기준, 신고절차 · 관제통신 명세, 녹음 대상 선박·보존기간 · 관제사 교육·평가, 관제협회 운영 관련 세부사항 등	
선박교통관제에 관한 법률 시행규칙	· 선박운항자의 교육·훈련 내용 · 관제사 자격·경력, 교육·평가방법 · 전문교육기관 지정 방법 및 기준 · 관제사 업무, 관제절차 및 관제시설의 기술기준 등	
VTS 행정규칙	· 선박교통관제의 시행 등에 관한 고시(고시) · 선박교통관제 운영규정(훈령) · 선박교통관제 시설관리규정(훈령) · 선박교통관제사 자격인증 교육 등에 관한 규정(훈령)	

나 국제법

기구명	협약·규칙명	비고
국제해사기구 (IMO)	· 해상인명안전협약(SOLAS) 제5장(항해의 안전) 제12규칙(선박교통관제) · 결의서 A.857(20) VTS 지침서	
국제항로표지협회 (IALA)	· (권고서) VTS 서비스 이행(V-119) 등 14개 · (지침서) VTS 감사 및 평가(G1101) 등 39개 · (매뉴얼) 2016년 VTS 매뉴얼	

02 관제대상선박의 범위

□ 선박교통관제에 관한 법률(2019.12.3. 제정, 2020.6.4. 시행 예정)

제13조(관제대상선박) 선박교통관제를 실시하는 대상 선박(이하 "관제대상선박"이라 한다)은 다음 각 호와 같다.

1. 국제항해에 취항하는 선박
2. 총톤수 300톤 이상의 선박(다만, 「어선법」 제2조제1호에 따른 어선 중 국내항 사이만을 항행하는 내항어선은 제외한다)
3. 「해사안전법」 제2조제6호에 따른 위험화물운반선
4. 그 밖에 관할 선박교통관제구역에서 이동하는 선박의 특성 등에 따라 해양경찰청장이 고시하는 선박

□ 선박교통관제의 시행 등에 관한 고시(해경청 고시 제2018-7호)

제4조(적용대상 선박) 관제시행규칙 제2조에 따른 관제센터별 관제대상선박은 별표 1과 같다.

연안 VTS	항만 VTS
ο 국제항해에 종사하는 선박 ο 총톤수 300톤 이상의 선박(단, 내항어선은 제외한다) ο 「해사안전법」제2조제6호에 따른 위험화물운반선 ο 부선이나 구조물을 끌거나 밀어서 이동시키는 선박자동식별장치(AIS)를 설치한 예인선 ο 여객선 ο 총톤수 2톤 이상의 선박자동식별장치(AIS)를 설치한 유선 ο 총톤수 300톤 미만의 선박자동식별장치(AIS)를 설치한 다음 어느 하나에 해당하는 선박 - 공사 또는 작업에 종사하는 선박 - 해양조사선·순찰선·표지선·측량선·어업지도선·시험조사선 등 행정목적으로 운영하는 관공선	ο 국제항해에 종사하는 선박 ο 총톤수 300톤 이상의 선박(단, 내항어선은 제외한다) ο 「해사안전법」제2조제6호에 따른 위험화물운반선 ο 부선이나 구조물을 끌거나 밀어서 이동시키는 선박자동식별장치(AIS)를 설치한 예인선 ο 여객선 ο 총톤수 2톤 이상의 선박자동식별장치(AIS)를 설치한 유선 ο 선박길이 45m 이상의 어선 ο 총톤수 300톤 미만의 선박자동식별장치(AIS)를 설치한 다음 어느 하나에 해당하는 선박 - 선박입출항법 제2조제4호에 따른 예선 - 선박입출항법 제2조제5호라목에 따른 급수선·급유선·도선선·통선 - 공사 또는 작업에 종사하는 선박 - 해양조사선·순찰선·표지선·측량선·어업지도선·시험조사선 등 행정목적으로 운영하는 관공선

03 관제대상선박의 선장의 의무

□ 선박교통관제에 관한 법률(제14조 선장의 의무)

제14조(선장의 의무 등) ① 관제대상선박의 선장은 선박교통관제에 따라야 한다. 다만, 선박교통관제에 따를 경우 선박을 안전하게 운항할 수 없는 명백한 사유가 있는 경우에는 선박교통관제에 따르지 아니할 수 있다.

② 관제대상선박의 선장은 선박교통관제사의 관제에도 불구하고 그 선박의 안전운항에 대한 책임을 면제받지 아니한다.

③ 관제대상선박의 선장은 선박교통관제구역을 출입하려는 때에는 해당 선박교통관제구역을 관할하는 선박교통관제관서에 신고하여야 한다.

④ 관제대상선박의 선장은 선박교통관제구역을 출입·이동하는 경우 해양수산부령으로 정하는 무선설비와 관제통신 주파수를 갖추고 관제통신을 항상 청취·응답하여야 한다. 다만, 통신의 장애로 인하여 선박교통관제사와 지정된 주파수로 통화가 불가능할 때에는 휴대전화 등 다른 통신 주파수를 이용하여 보고할 수 있다.

⑤ 선박교통관제구역 내에서 항행 중인 관제대상선박의 선장은 항로상의 장애물이나 해양사고 발생 등으로 선박교통의 안전을 해치거나 해칠 우려가 있다고 인지한 경우에는 지체 없이 이를 선박교통관제관서에 신고하여야 한다.

⑥ 제1항부터 제5항까지에서 규정한 사항 외에 관제대상선박의 신고 절차, 관제구역별 관제통신의 제원(諸元) 등 필요한 사항은 대통령령으로 정한다.

□ 선박교통관제에 관한 법률 시행령(제8조 관제대상선박의 신고)

제8조(관제대상선박의 신고) ① 관제대상선박의 선장은 법 제14조제3항에 따라 다음 각 호의 구분에 따른 내용을 선박교통관제관서에 신고해야 한다.

1. 진입 신고: 선박교통관제구역으로 들어오는 경우

가. 선박명, 호출부호, 통과위치

나. 선박교통관제구역 안에 있는 「항만법」 제2조제5호가목(1)에 따른 정박지(이하 "정박지"라 한다) 또는 같은 목 (4)에 따른 계류시설(이하 "계류시설"이라 한다)에 입항하는 선박의 경우에는 입항 예정 시각, 입항 시각 및 입항 장소

다. 그 밖에 해양경찰청장이 정하는 사항

2. 진출 신고: 선박교통관제구역에서 나가는 경우

가. 선박명, 통과위치

나. 선박교통관제구역 안에 있는 정박지 또는 계류시설에서 출항하는 선박의 경우에는 출항 예정 시각, 출항 시각 및 출항 장소

다. 그 밖에 해양경찰청장이 정하는 사항

② 제1항에 따른 신고의 절차·내용 및 방법에 관한 구체적인 사항은 해양경찰청장이 선박교통관제구역별로 정하여 고시한다.

□ 선박교통관제에 관한 법률 시행규칙(제4조 관제대상선박의 무선설비 등)

제4조(관제대상선박의 무선설비 등) ① 법 제13조에 따른 관제대상선박(이하 "관제대상선박"이라 한다)이 법 제14조제4항에 따라 갖춰야 하는 무선설비는 초단파 무선전화를 말하며 같은 항에 따라 갖춰야 하는 관제통신 주파수는 별표 1과 같다.

② 제1항에 따른 무선설비는 「전파법」 제45조에 따른 기술기준에 적합해야 한다.

04 관제통신의 녹음

□ 선박교통관제에 관한 법률(제15조 관제통신의 녹음)

제15조(관제통신의 녹음) ① 선박교통관제관서와 대통령령으로 정하는 선박의 선장은 제14조제4항에 따른 관제통신을 녹음하여 보존하여야 한다.

② 제1항에서 규정한 사항 외에 관제통신 녹음방법 및 보존기간 등 필요한 사항은 대통령령으로 정한다.

□ 선박교통관제에 관한 법률 시행령(제8조 관제대상선박의 신고)

제10조(관제통신 녹음) ① 법 제15조제1항에서 "대통령령으로 정하는 선박"이란 관제대상선박으로서 다음 각 호의 어느 하나에 해당하는 선박을 말한다.

1. 국제항해에 취항하는 다음 각 목의 선박
   가. 13명 이상의 여객을 운송할 수 있는 선박
   나. 가목 외의 선박으로서 총톤수 3천톤 이상의 선박
2. 「해운법」 제4조에 따른 해상여객운송사업에 사용되는 선박으로서 국내항해에 종사하는 총톤수 300톤 이상의 여객선

② 선박교통관제관서와 제1항 각 호에 따른 선박의 선장(이하 "선박교통관제관서등"이라 한다)은 법 제14조제4항에 따른 관제통신을 녹음하여 관제통신을 한 날짜 및 시각과 함께 보존해야 한다.

③ 선박교통관제관서등은 제2항에 따라 관제통신을 녹음하려는 경우 전자적 수단을 이용해야 한다. 다만, 관제통신 녹음시설의 일시적인 고장 등으로 전자적 수단을 이용한 관제통신 녹음이 불가능한 경우에는 수기(手記)로 대체할 수 있다.

④ 제2항 및 제3항에 따른 정보의 보존기간은 60일로 한다. 다만, 해양사고의 조사 및 심판 등을 위해 필요한 경우에는 해양경찰청장이 정하여 고시하는 기준에 따라 보존기간을 연장할 수 있다.

⑤ 제1항부터 제4항까지에서 규정한 사항 외에 선박교통관제관서의 관제통신 녹음 및 보존 등에 필요한 사항은 해양경찰청장이 정한다.

05 관제업무 절차

□ **관제구역에서 운항하는 선박의 효율적인 관제업무 수행을 위하여 관제상황에 따라 아래와 같이 시행한다**

① [1단계] ⇒ **관찰확인(Monitoring)** 관제구역 내에서 관제대상 선박이 충돌 등의 위험이 있는지 모니터링 하는 단계

② [2단계] ⇒ **정보제공(Information Service)** 관제센터에서 필요하다고 인정하거나 선박에서 요구할 경우에 항행안전을 위하여 다른 선박의 위치 및 식별, 항로 및 기상조건, 선박통항의 위험요소 등 필요한 정보를 제공하는 것

③ [3단계] ⇒ **조언·권고(Advice & Recommendation)** 선박교통관제사가 인지하고 있는 정보· 및 지식·경험을 토대로 관제대상선박의 안전운항에 참조될 사항을 제공하는 것을 말하고, "권고"란 될 수 있으면 따라주기를 바라는 적극성을 가진 조언

④ [4단계] ⇒ **지시(Instruction)** 관제대상선박이 명백한 사고위험에 처할 우려가 있는 경우 선박의 안전 운항을 위한 선장의 전문적인 판단을 방해하거나 간섭하지 않는 범위 내에서 시정 또는 안전조치를 요구하는 것(다만, 사고위험 등 긴급한 사유가 있는 경우 자체 판단에 따라 절차 중 일부를 생략하고, 다음 단계를 시행할 수 있다.)

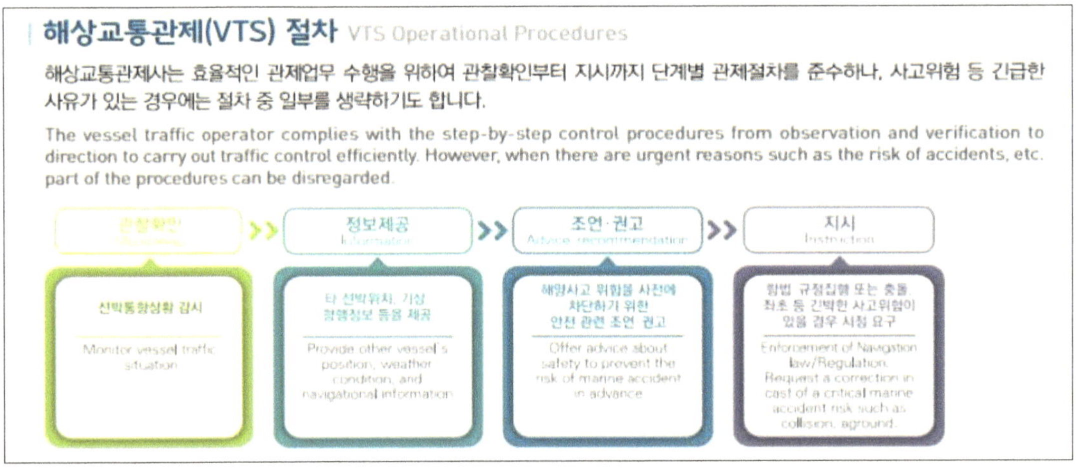

06 보고 절차

선박의 보고절차 Vessel reporting procedure

관제대상선박이 관제구역을 입출항하거나 통과 시 해상교통관제(VTS) 센터 보고절차에 맞게 보고한 후 관제에 따라야 합니다.

When a vessel, which is subject to control, enters and clears or passes through the VTS area, it must report it to the VTS center in accordance with the reporting procedures and follow the traffic control.

• 입항 시 보고절차 Entering report procedure

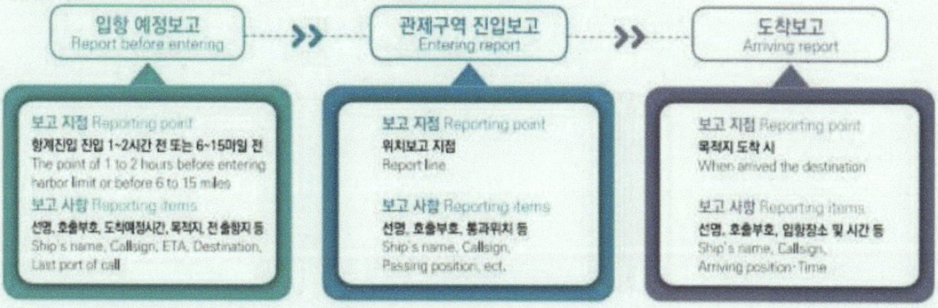

• 출항 및 관제구역 통과 시 보고절차 Report procedures when departing or passing the VTS area

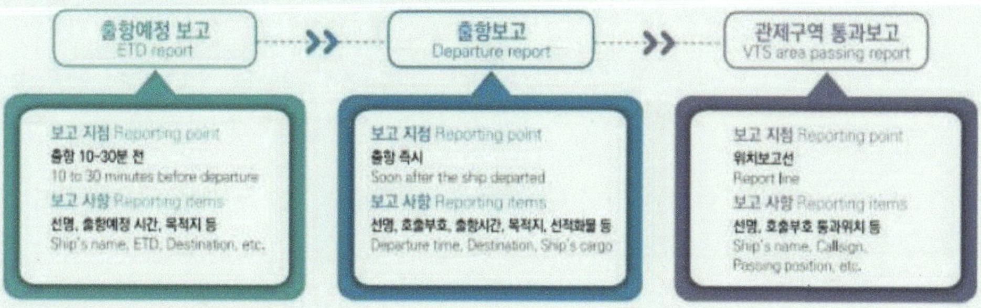

07 선박교통관제사의 권한

□ 선박교통관제에 관한 법률(제20조 선박교통관제사의 권한)

제20조(선박교통관제사의 권한) ① 선박교통관제사는 선박교통관제구역 내 해상기상상태, 항로상태, 해상교통량 및 해양사고 등을 고려하여 선박의 안전 확보를 위하여 필요하다고 판단되는 경우 선박의 입항·출항 및 이동시간을 조정할 수 있다. ② 선박교통관제사는 선박교통관제구역에서 해양사고가 발생한 경우 즉시 경비함정 출동과 도선 또는 예선의 지원을 요청할 수 있다.

Ⅳ. 선박교통관제 운영 현황

1. VTS센터별 위치
2. VTS센터별 관제구역도

01 VTS센터 위치

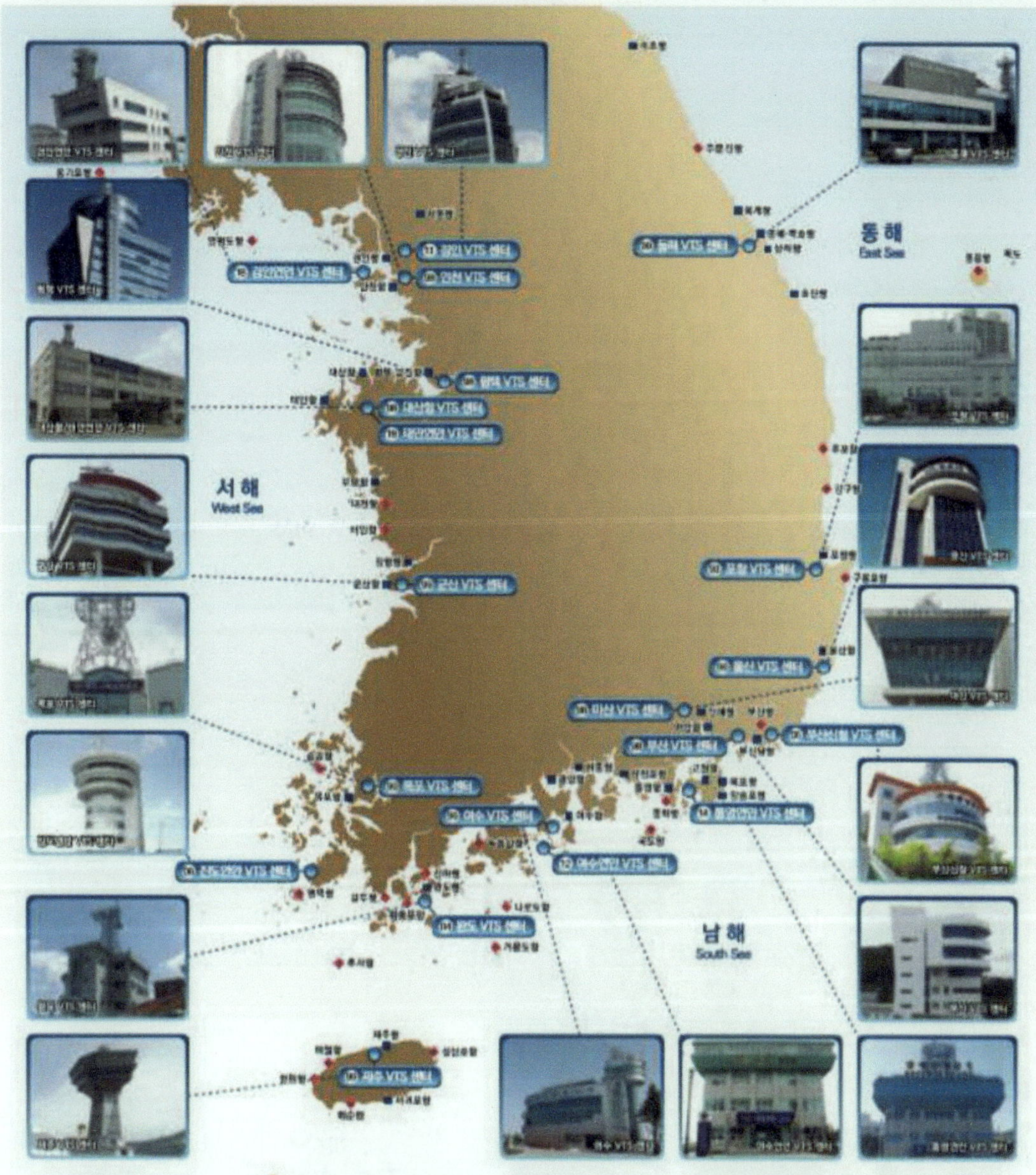

범례

■ 무역항(31개) ◆ 연안항(29개) ● VTS관제센터

02 VTS센터 별 관제구역도

중부지방해양경찰청

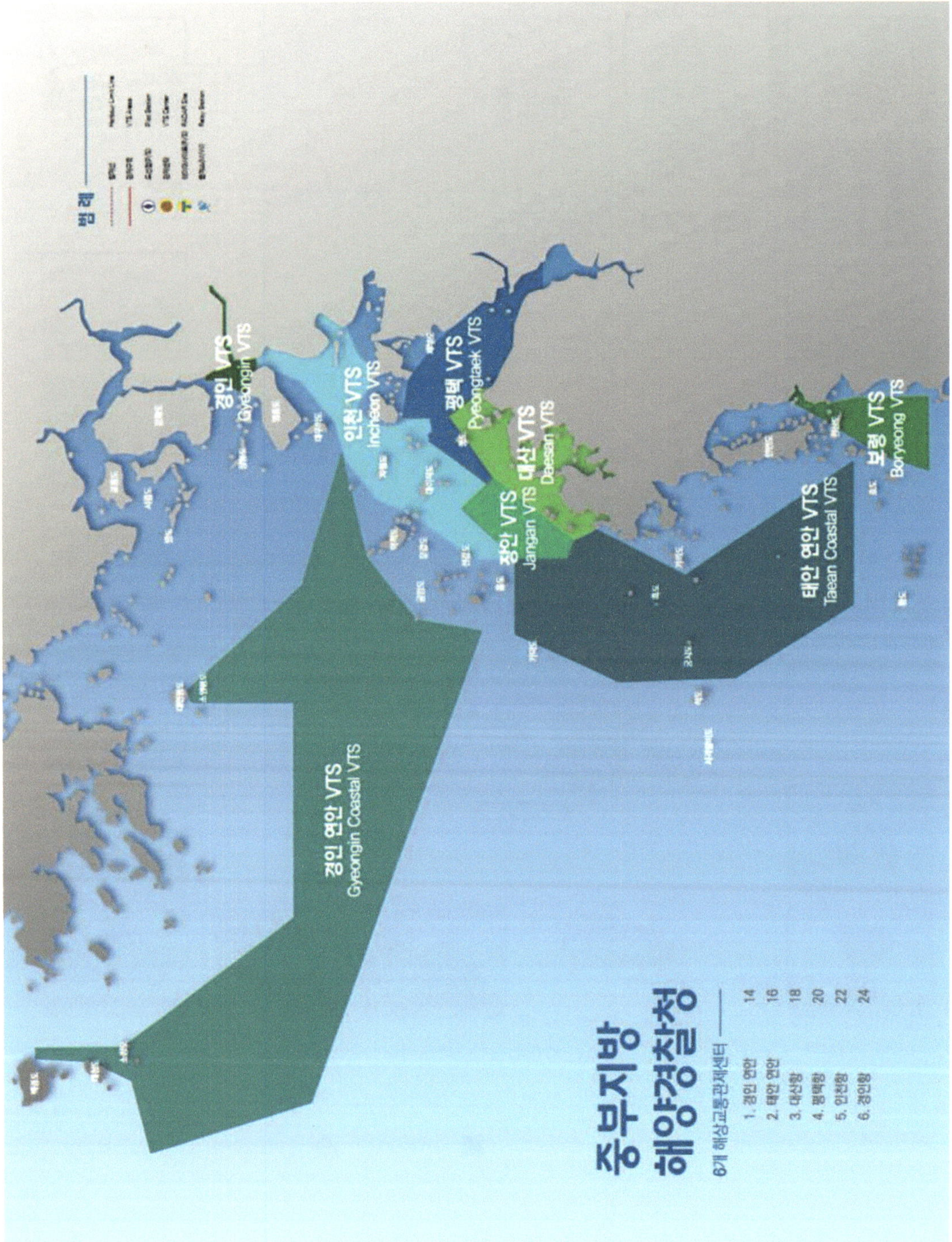

□ 경인연안 해상교통관제센터

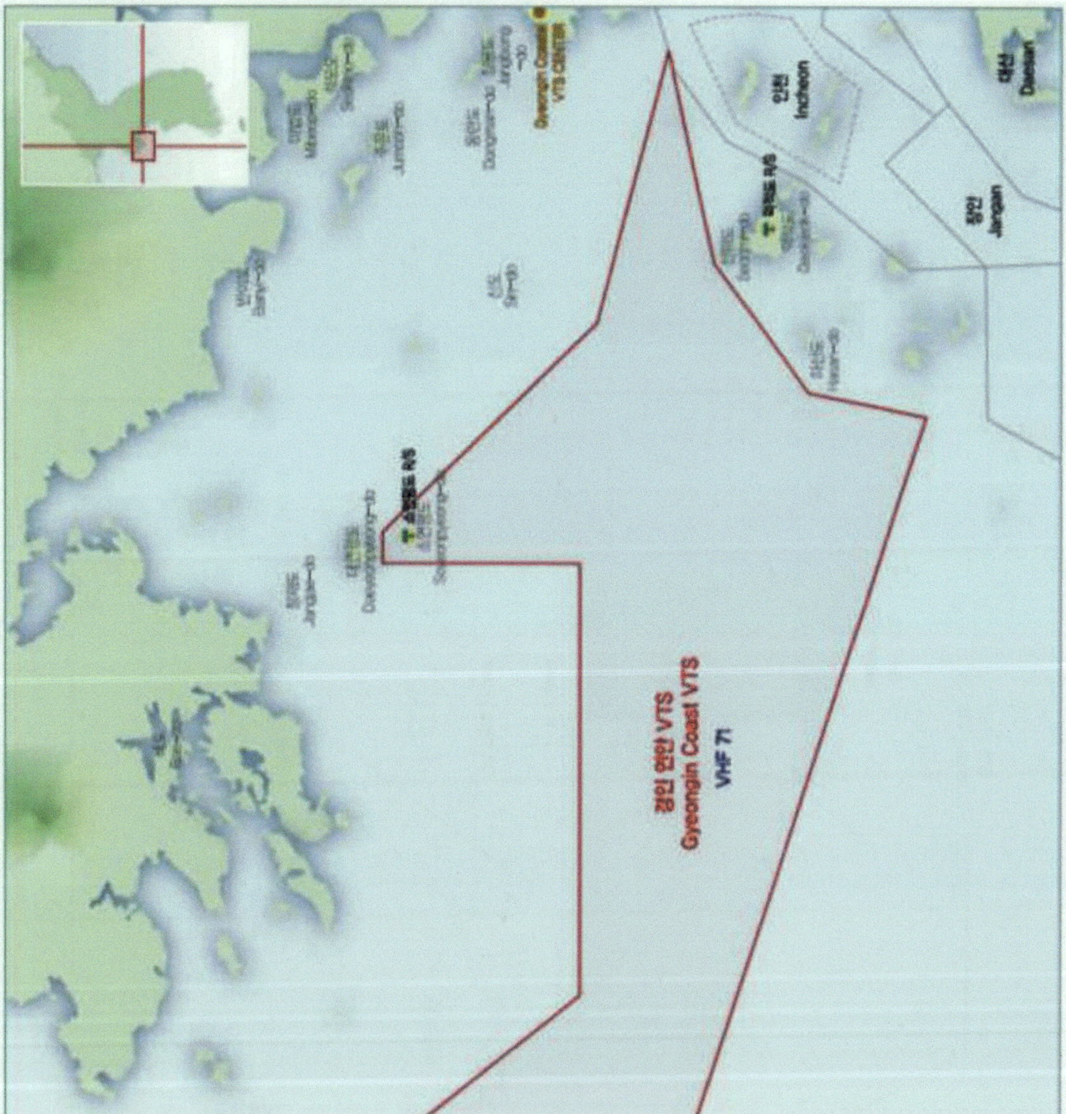

□ 태안연안 해상교통관제센터

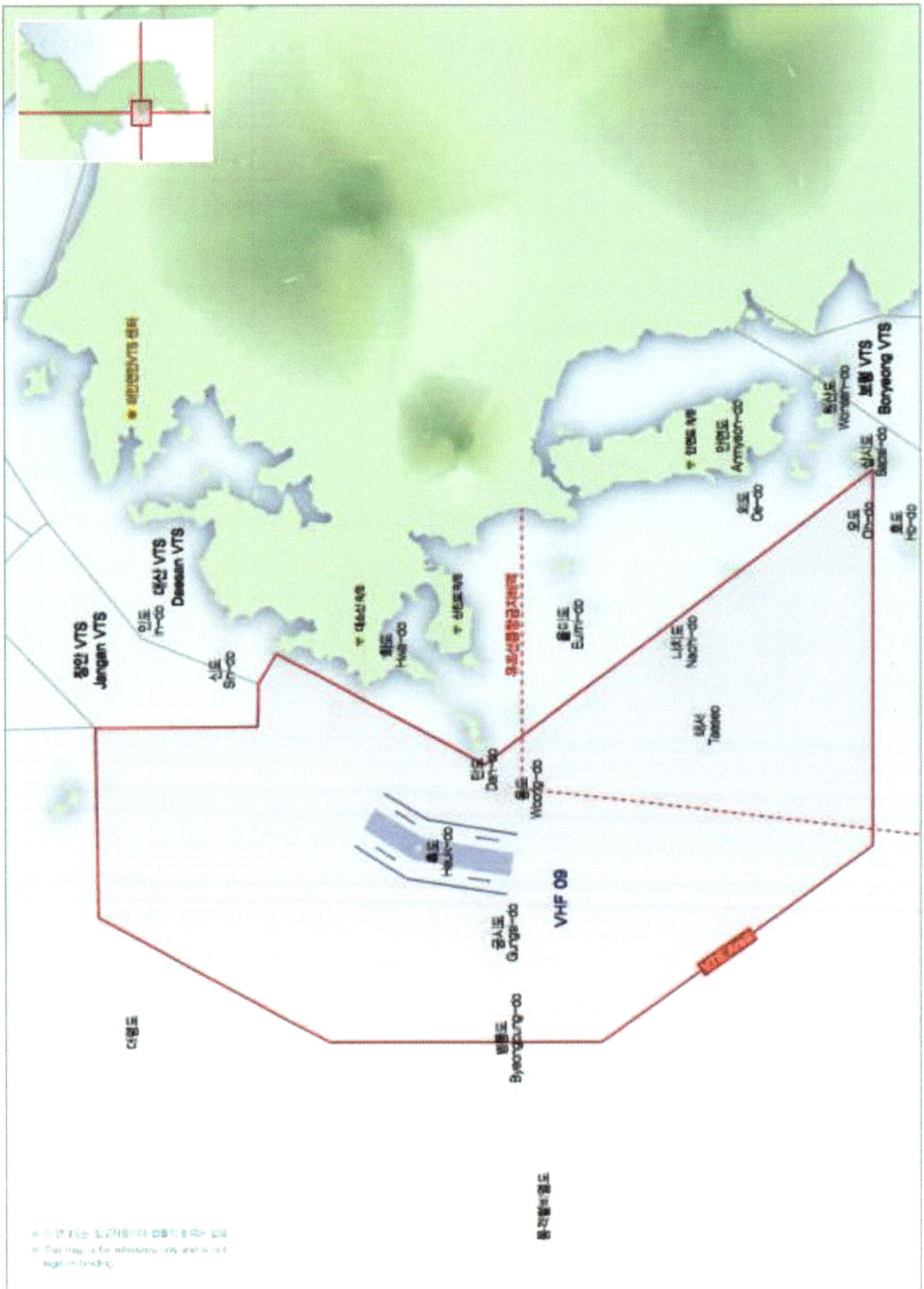

□ 대산항 해상교통관제센터

□ 평택항 해상교통관제센터

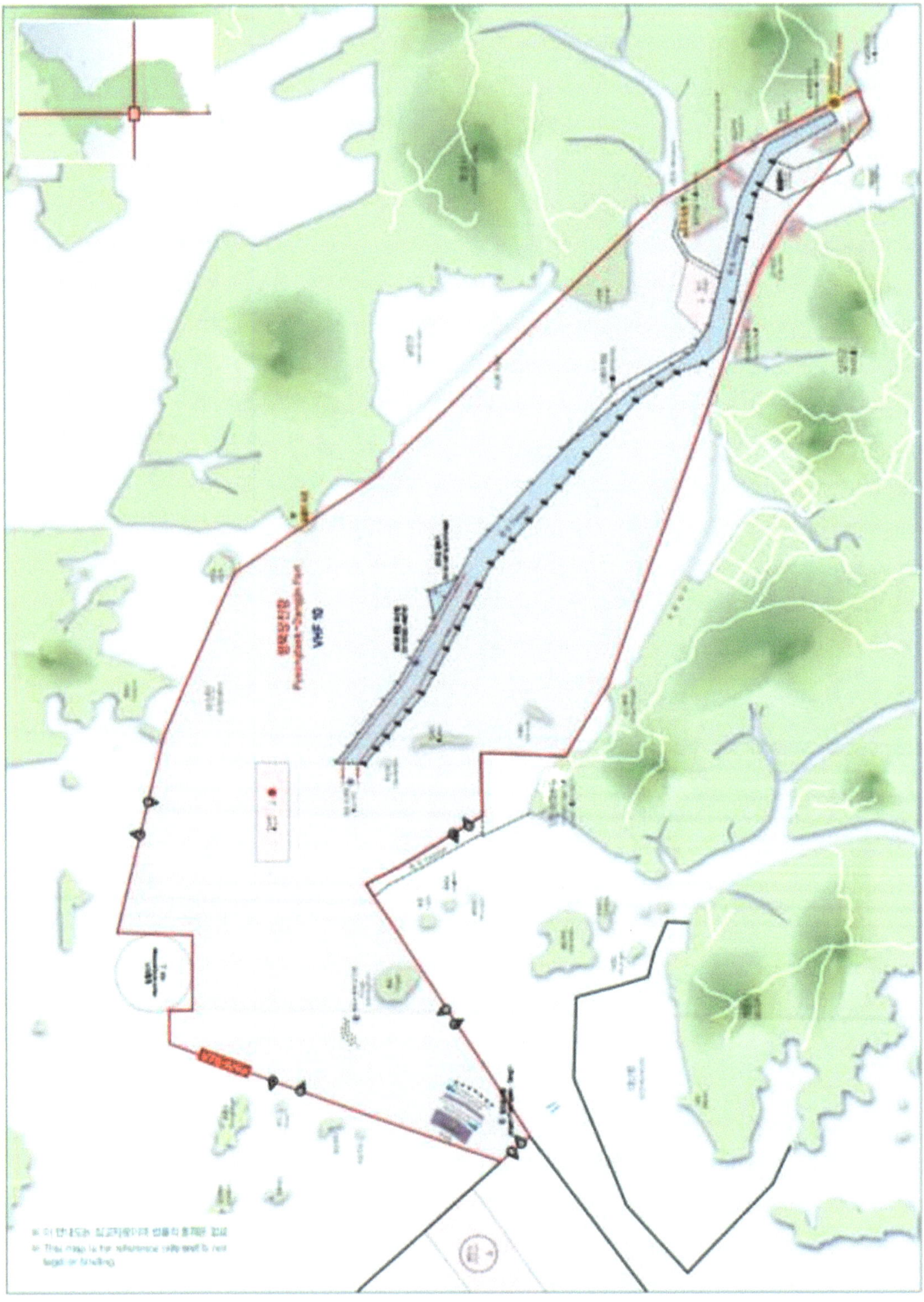

□ 인천항 해상교통관제센터

□ 경인항 해상교통관제센터

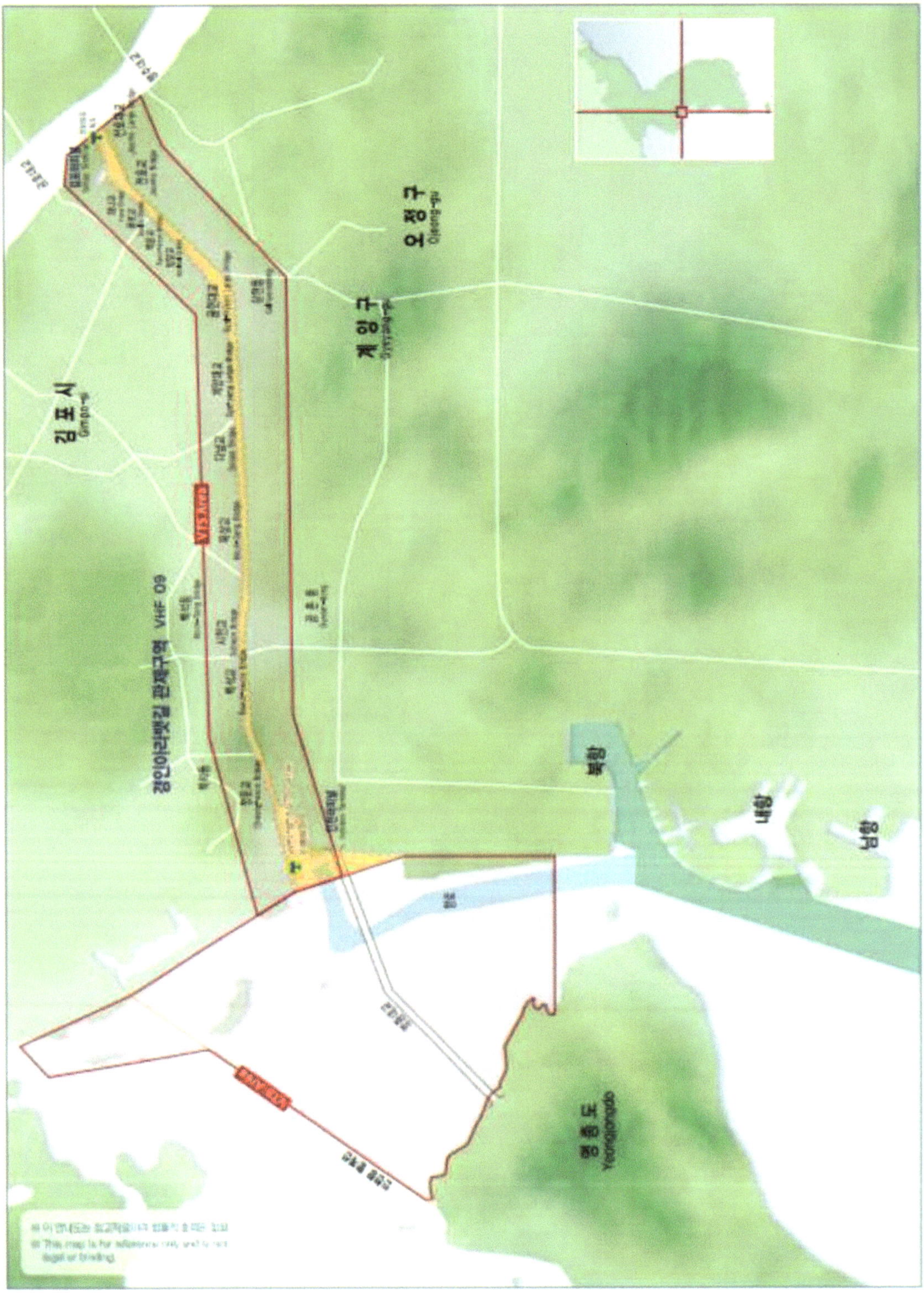

서해지방해양경찰청

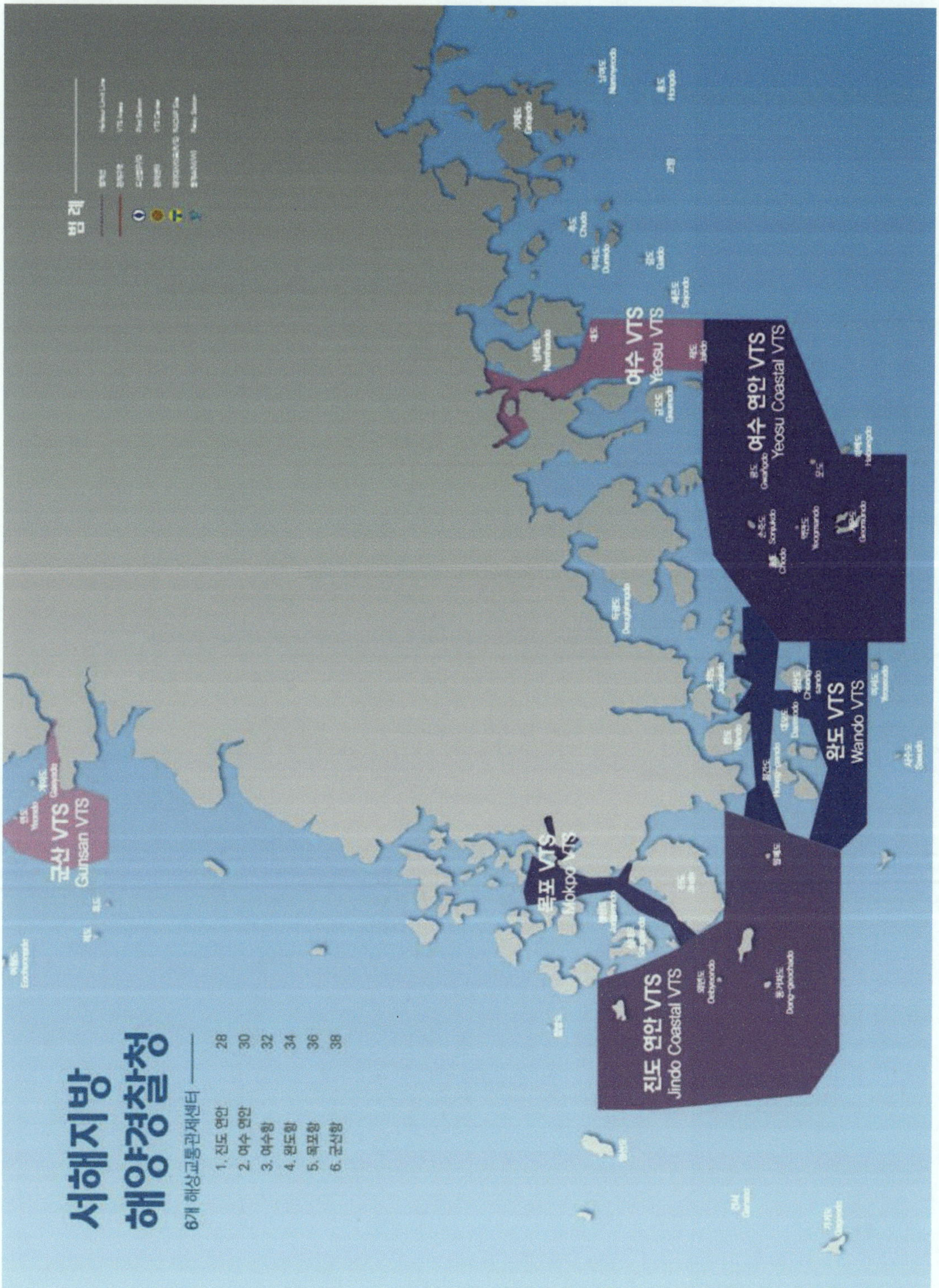
서해지방 해양경찰청
6개 해상교통관제센터
1. 진도 연안 28
2. 여수 연안 30
3. 여수항 32
4. 완도항 34
5. 목포항 36
6. 군산항 38
진도 연안 VTS Jindo Coastal VTS
목포 VTS Mokpo VTS
군산 VTS Gunsan VTS
완도 VTS Wando VTS
여수 연안 VTS Yeosu Coastal VTS
여수 VTS Yeosu VTS
범례

□ 진도연안 해상교통관제센터

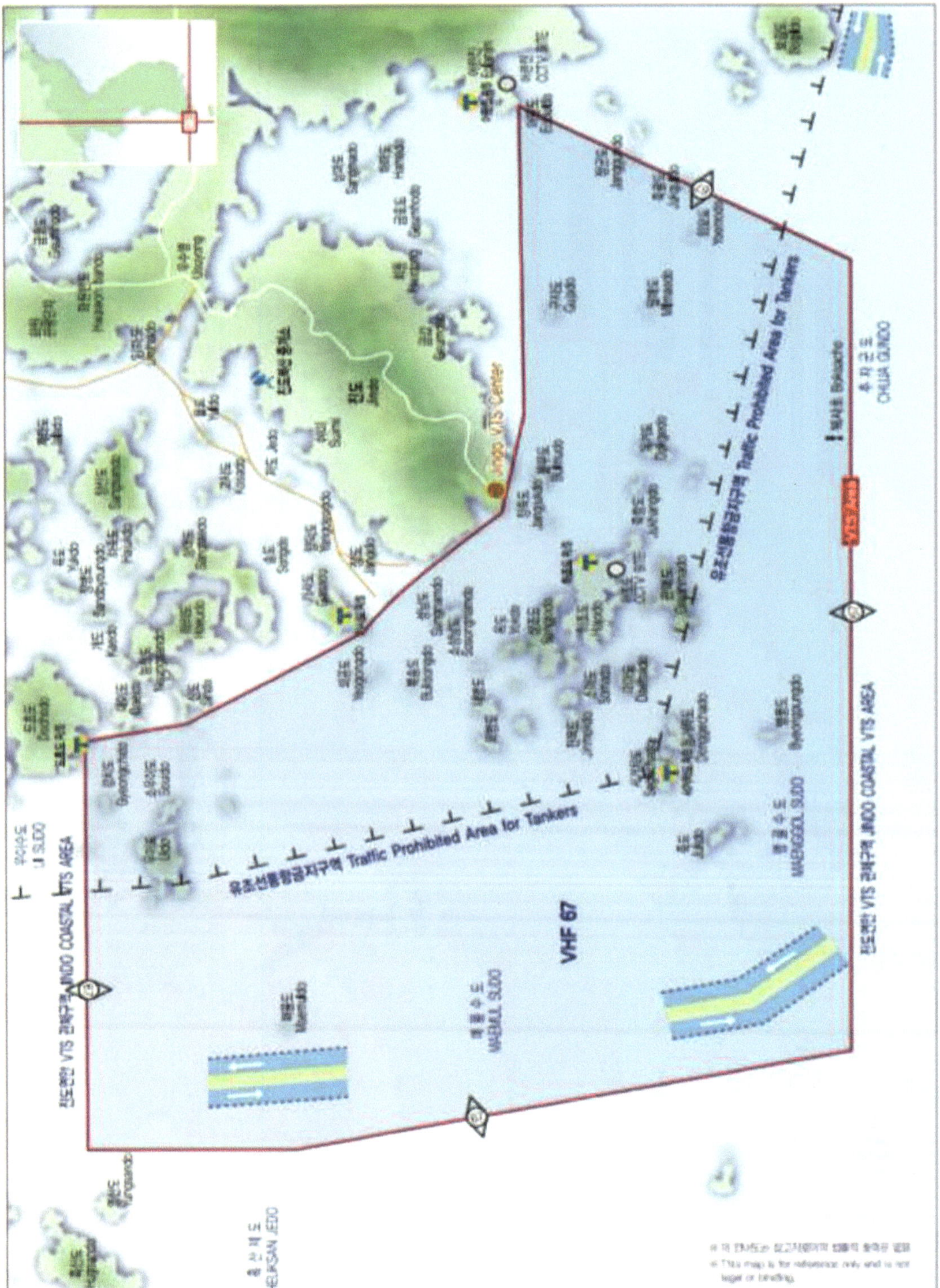

□ 여수연안 해상교통관제센터

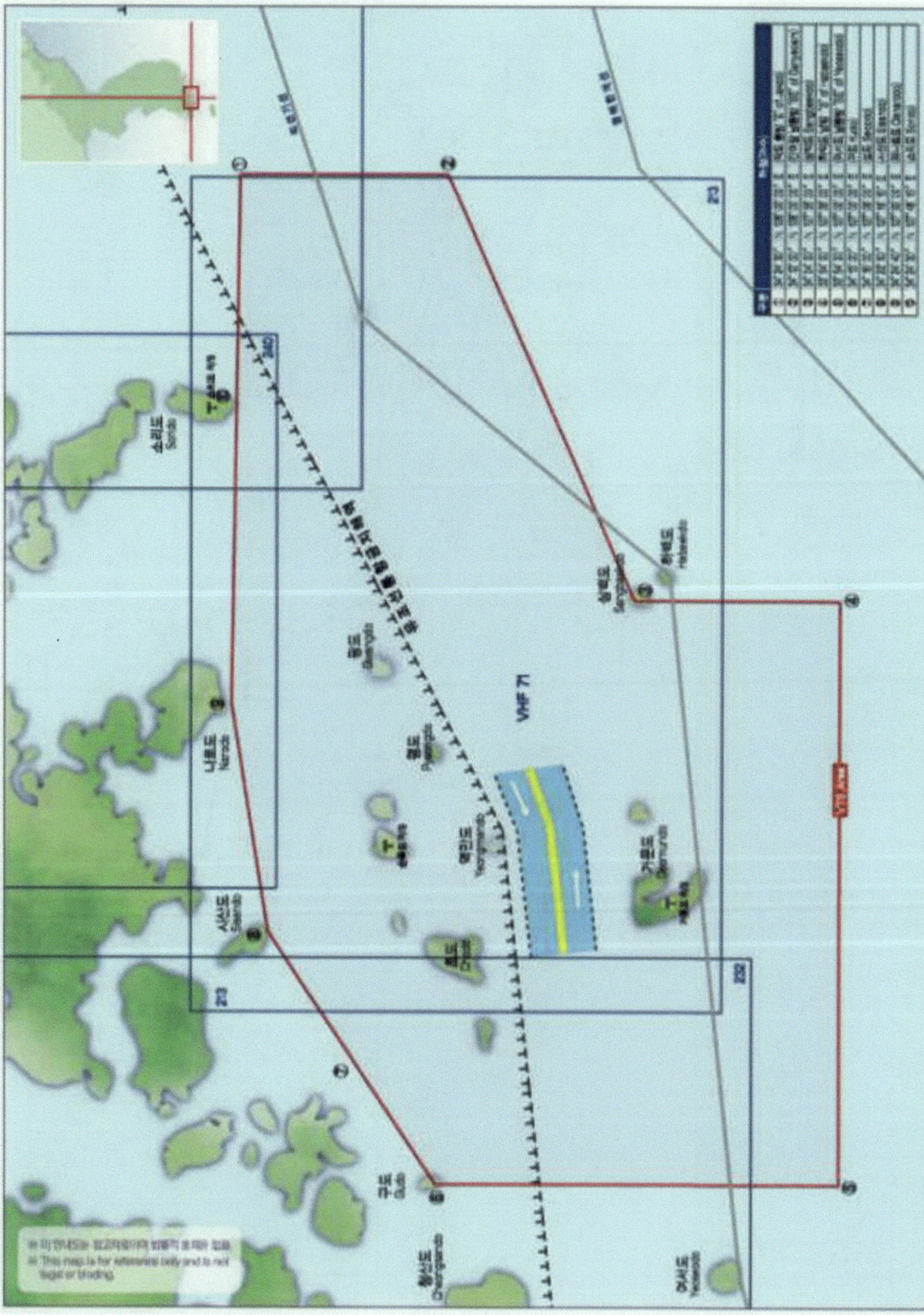

□ 여수항 해상교통관제센터

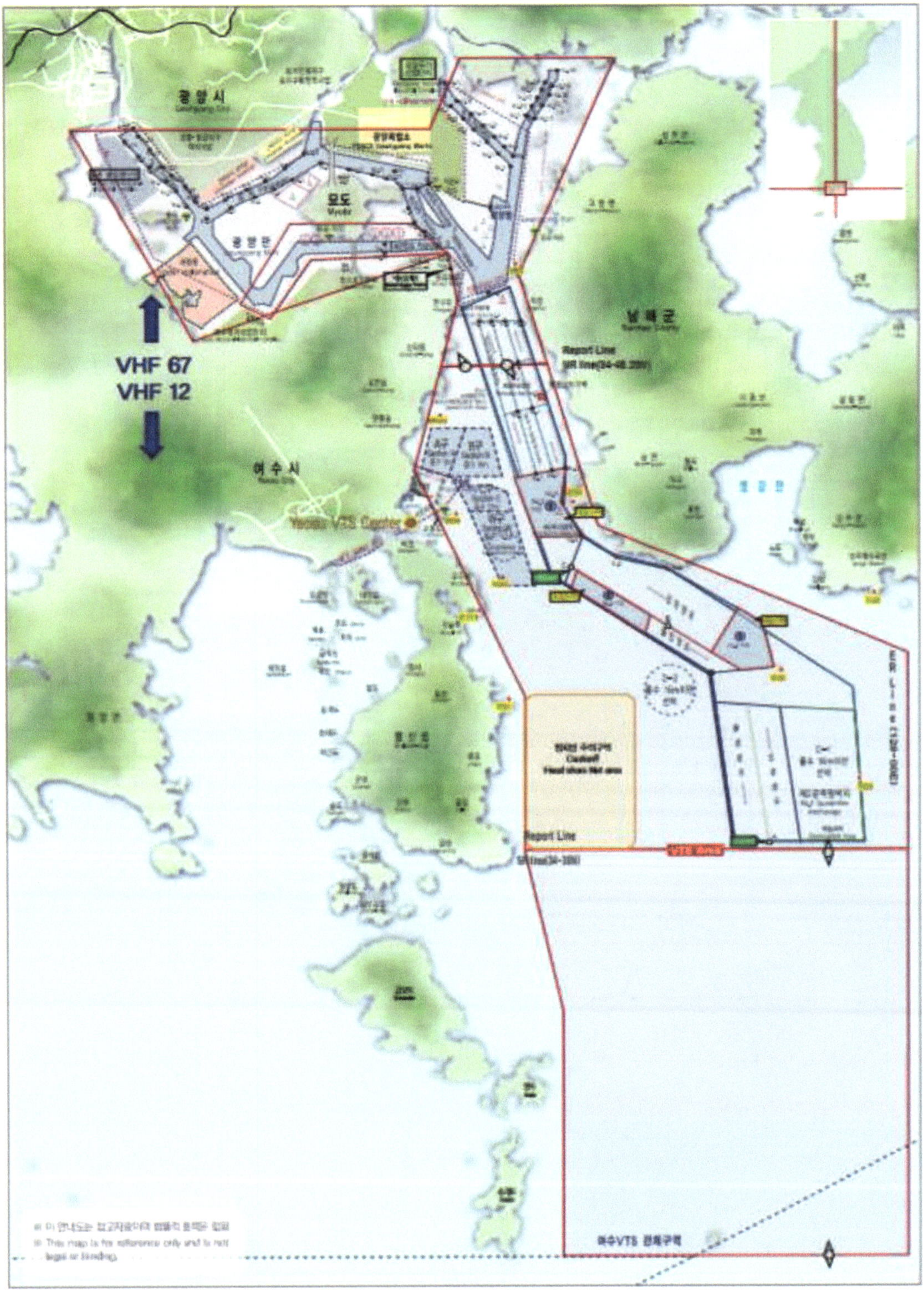

□ 완도항 해상교통관제센터

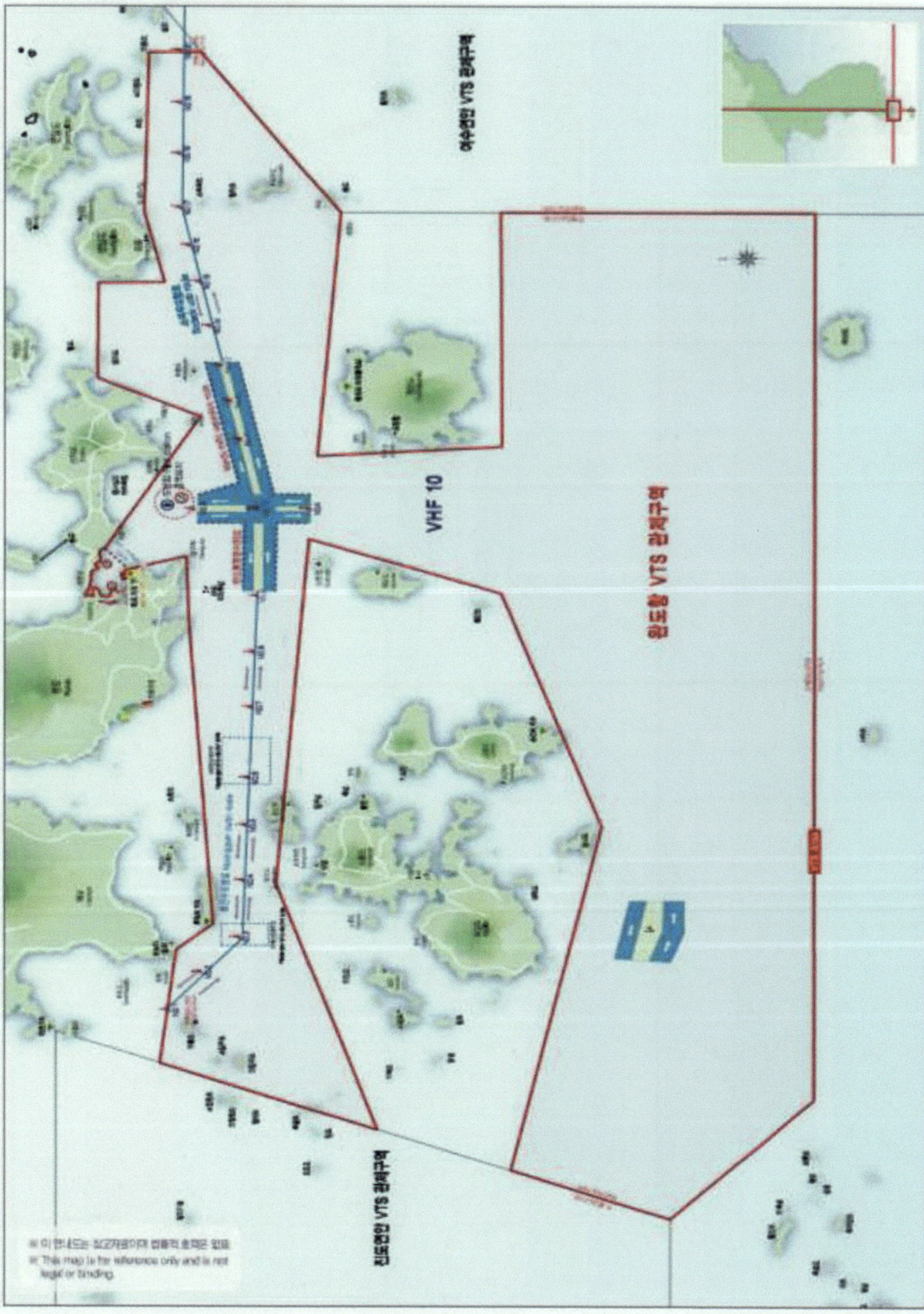

□ 목포항 해상교통관제센터

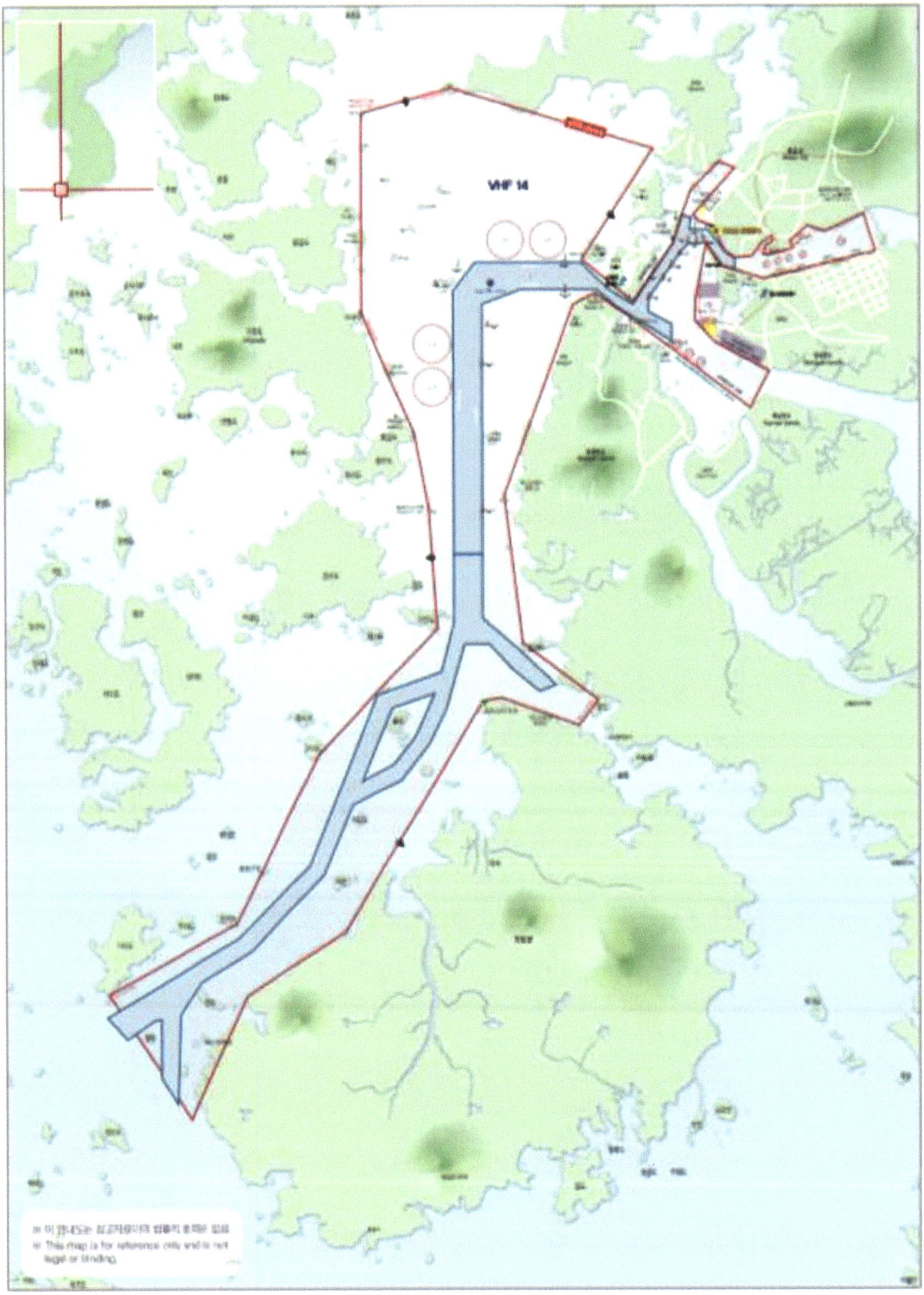

□ 군산항 해상교통관제센터

남해지방해양경찰청

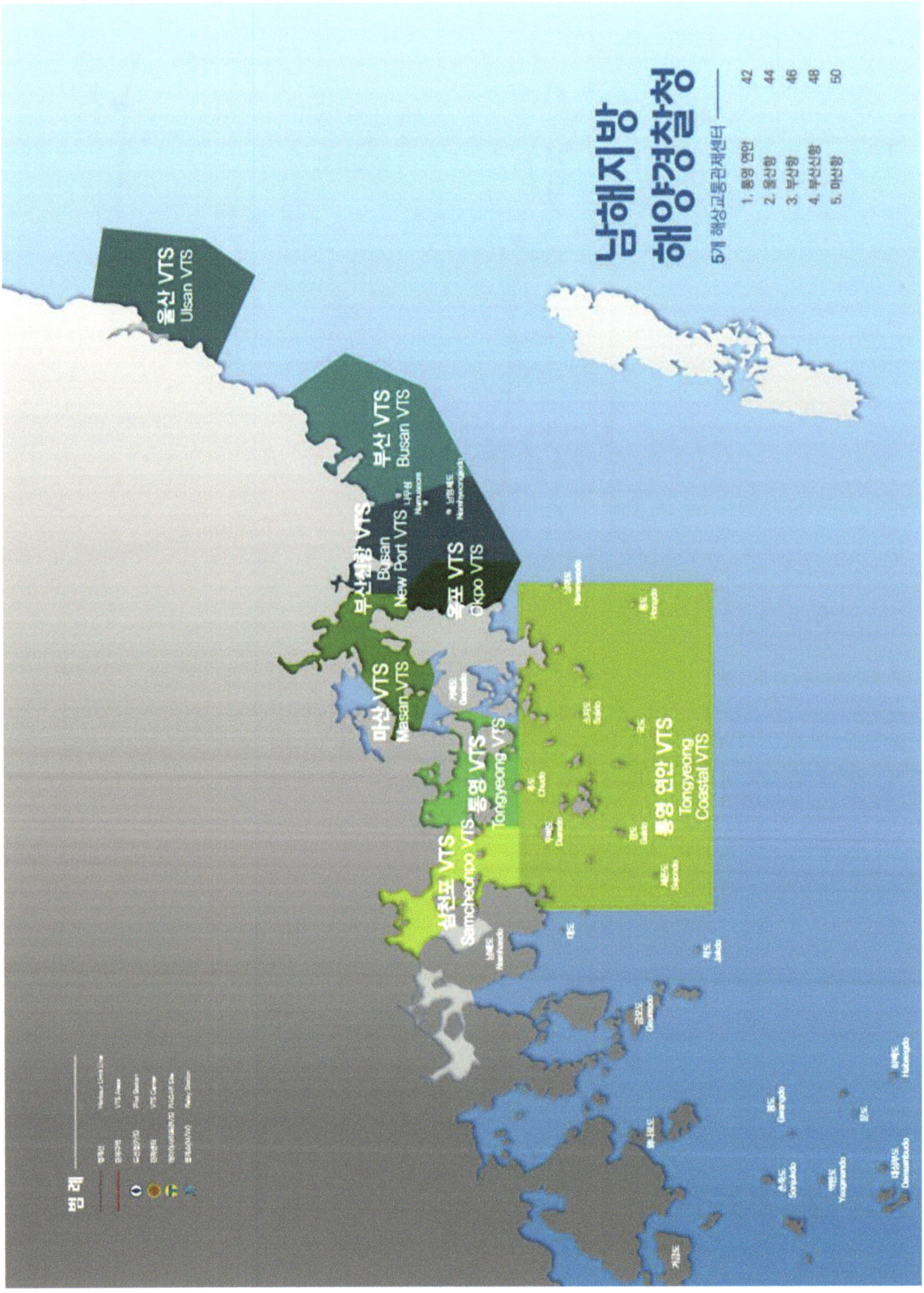
남해지방
해양경찰청
5개 해상교통관제센터
1. 통영 연안 42
2. 울산항 44
3. 부산항 46
4. 부산신항 48
5. 마산항 50
울산 VTS
Ulsan VTS
부산 VTS
Busan VTS
부산신항 VTS
Busan
New Port VTS
옥포 VTS
Okpo VTS
마산 VTS
Masan VTS
통영 VTS
Tongyeong VTS
삼천포 VTS
Samcheonpo VTS
통영 연안 VTS
Tongyeong
Coastal VTS
범례

□ 통영연안 해상교통관제센터

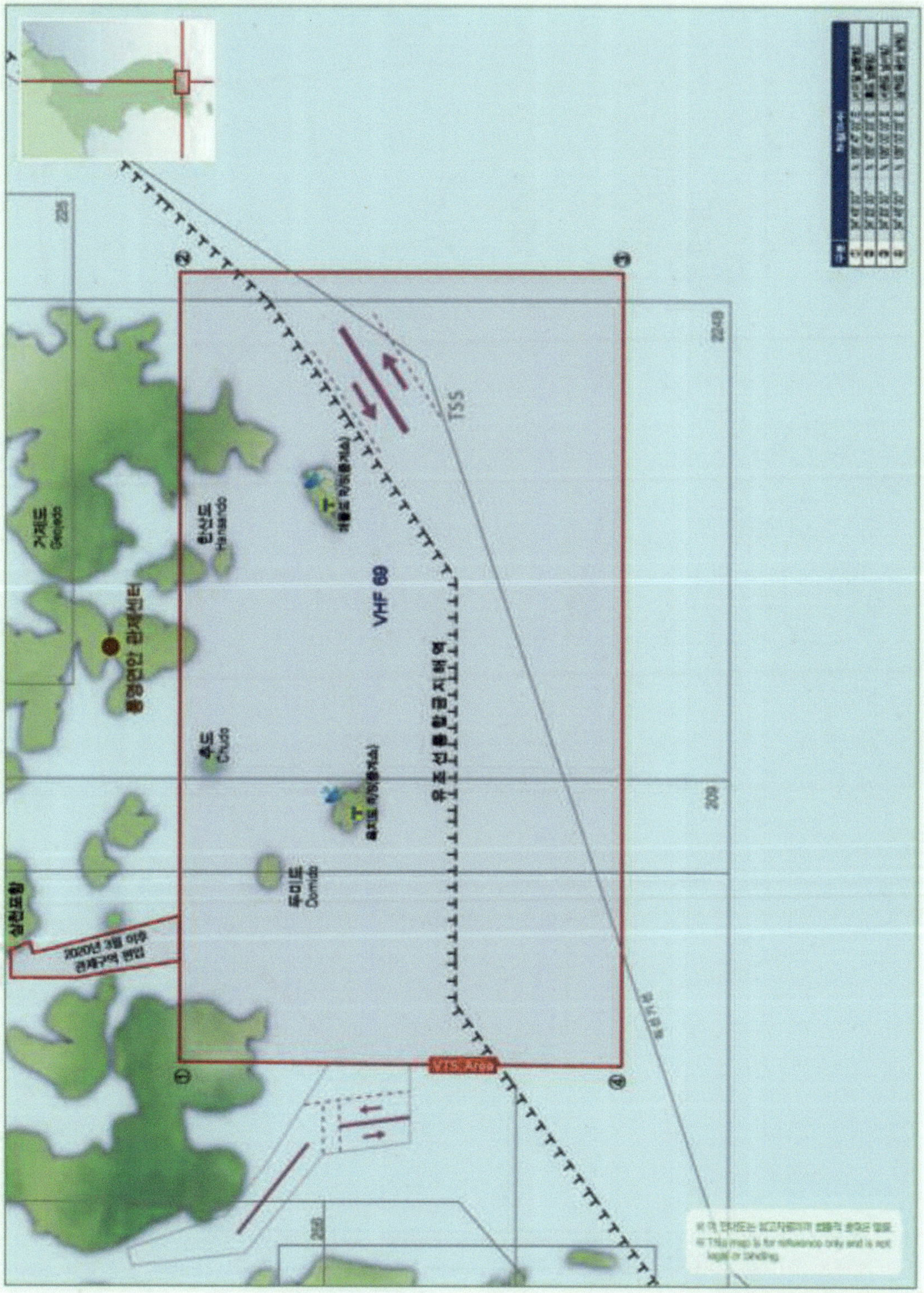

□ 울산항 해상교통관제센터

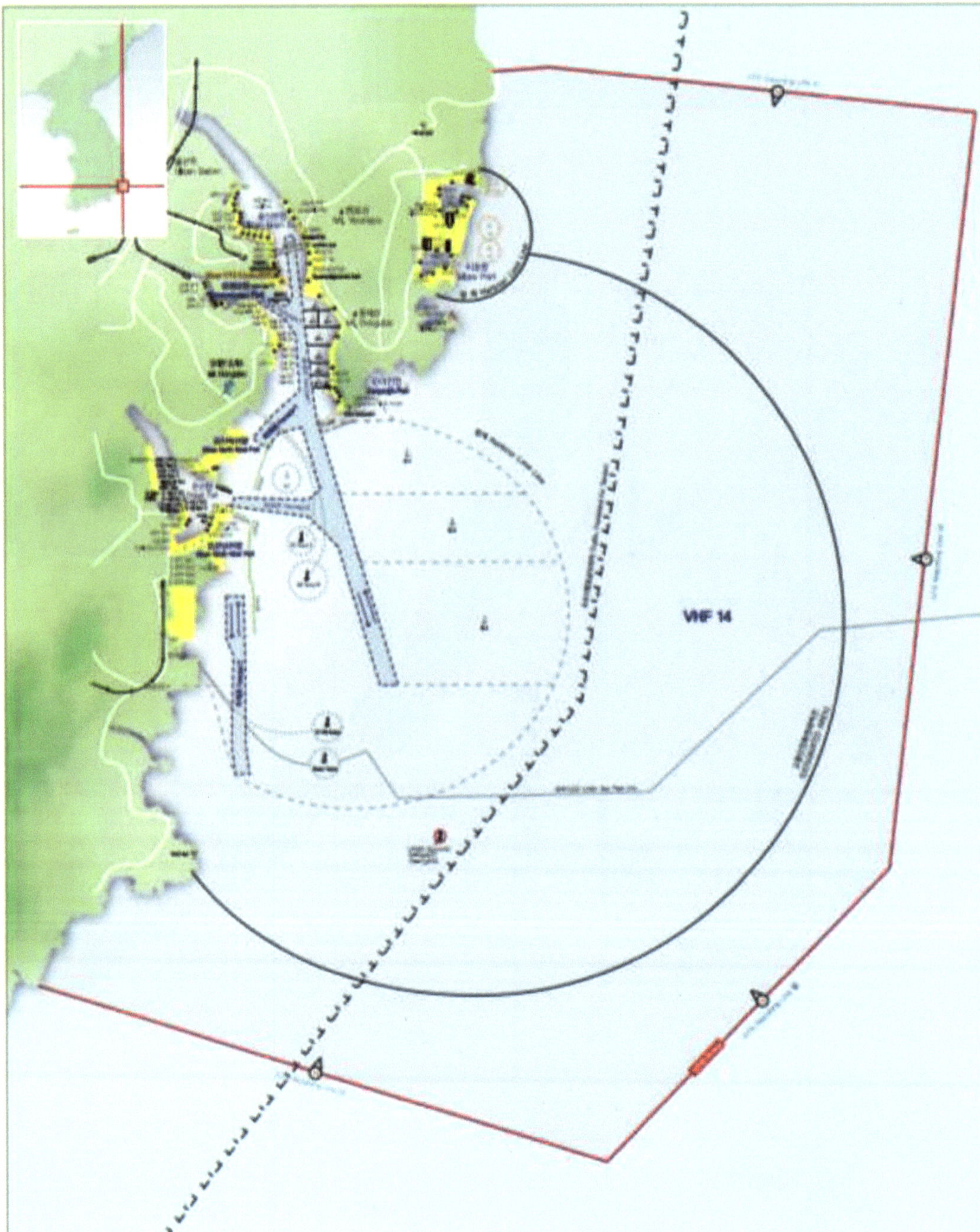

□ 부산항 해상교통관제센터

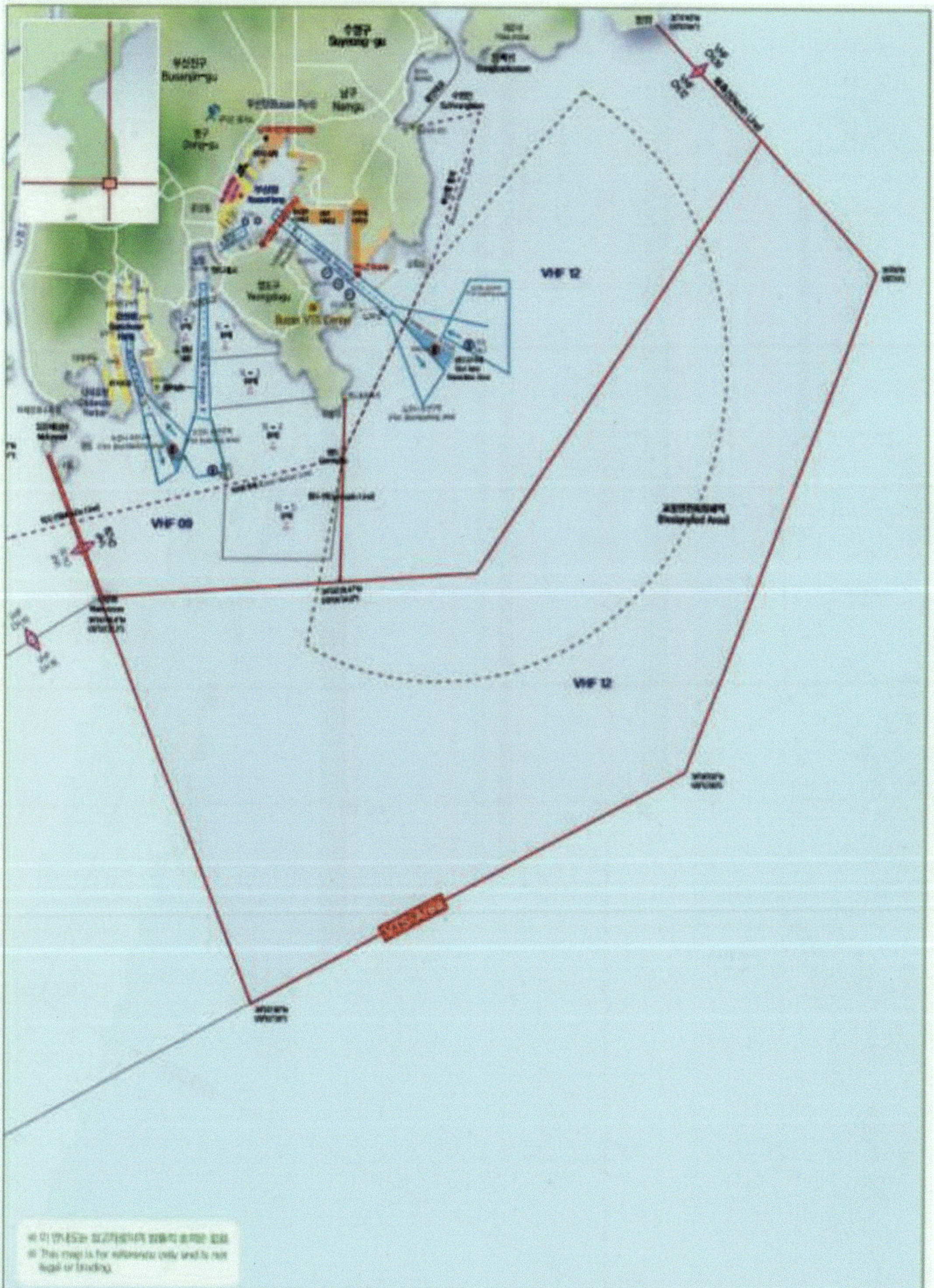

□ 부산신항 해상교통관제센터

□ 마산항 해상교통관제센터

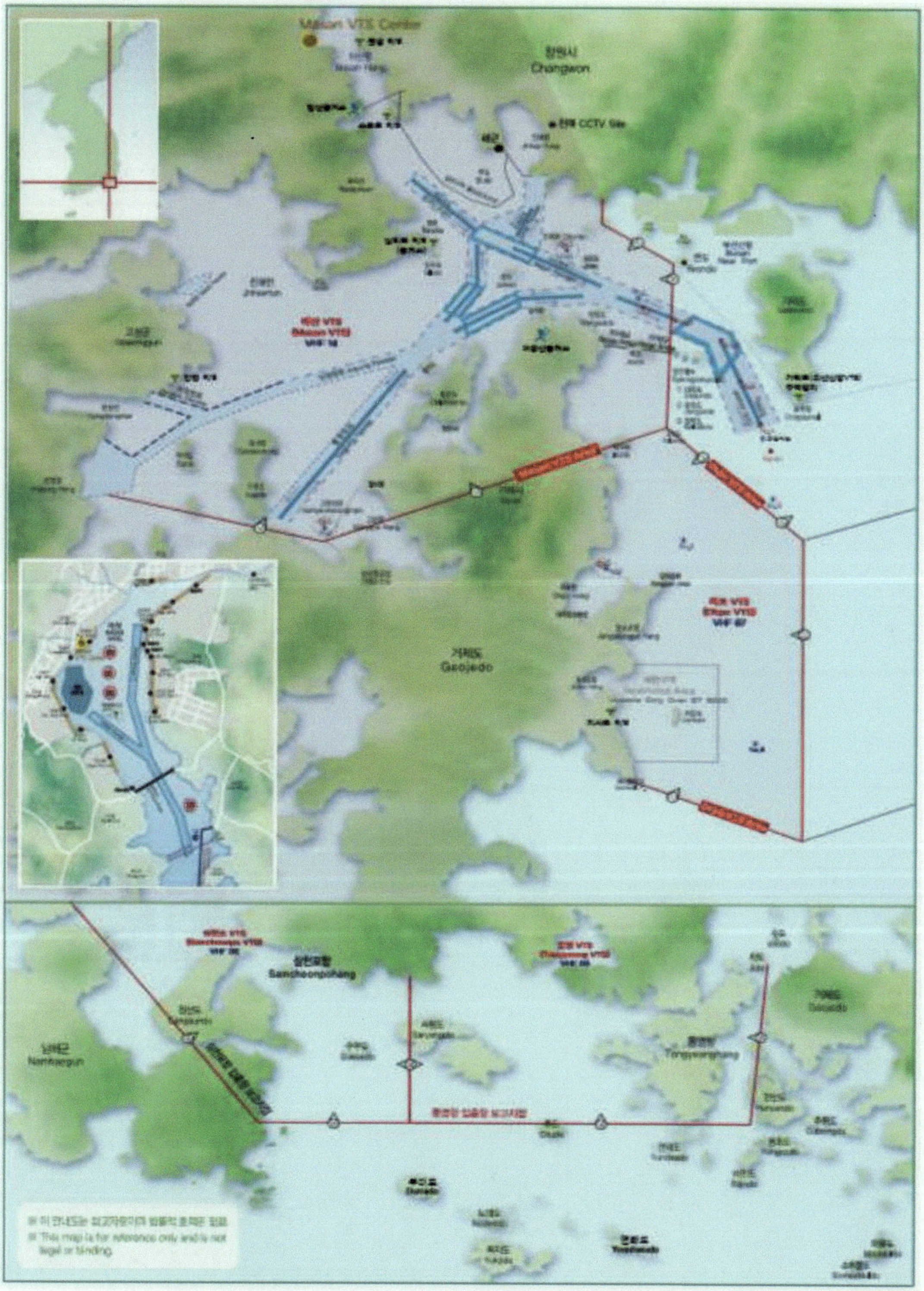

동해지방해양경찰청

동해지방 해양경찰청
2개 해상교통관제센터
1. 동해항 54
2. 포항항 56
범례
동해 VTS
Donghae VTS
호산 VTS
포항 VTS
Pohang VTS
경상북도

□ 동해항 해상교통관제센터

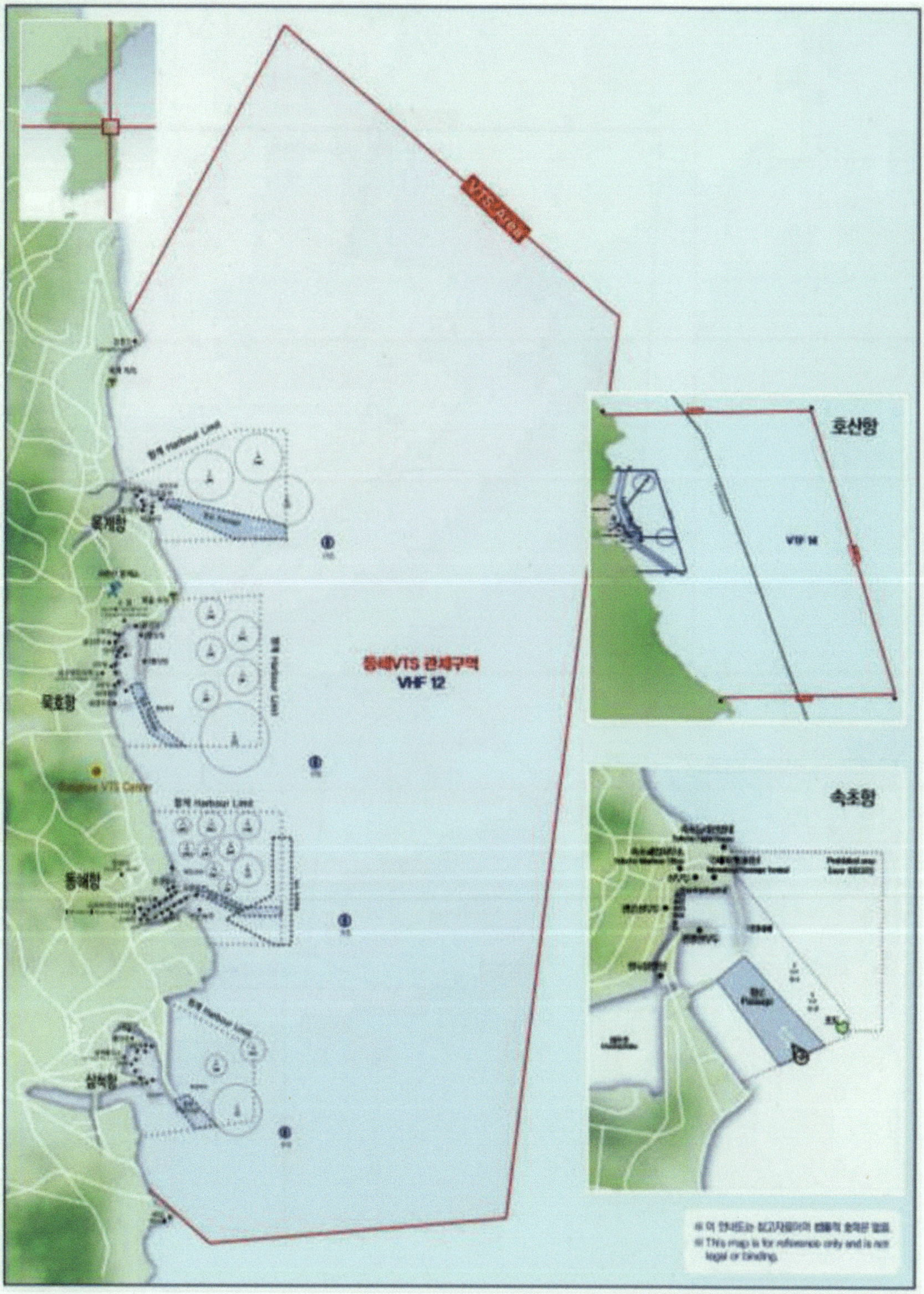

□ 포항항 해상교통관제센터

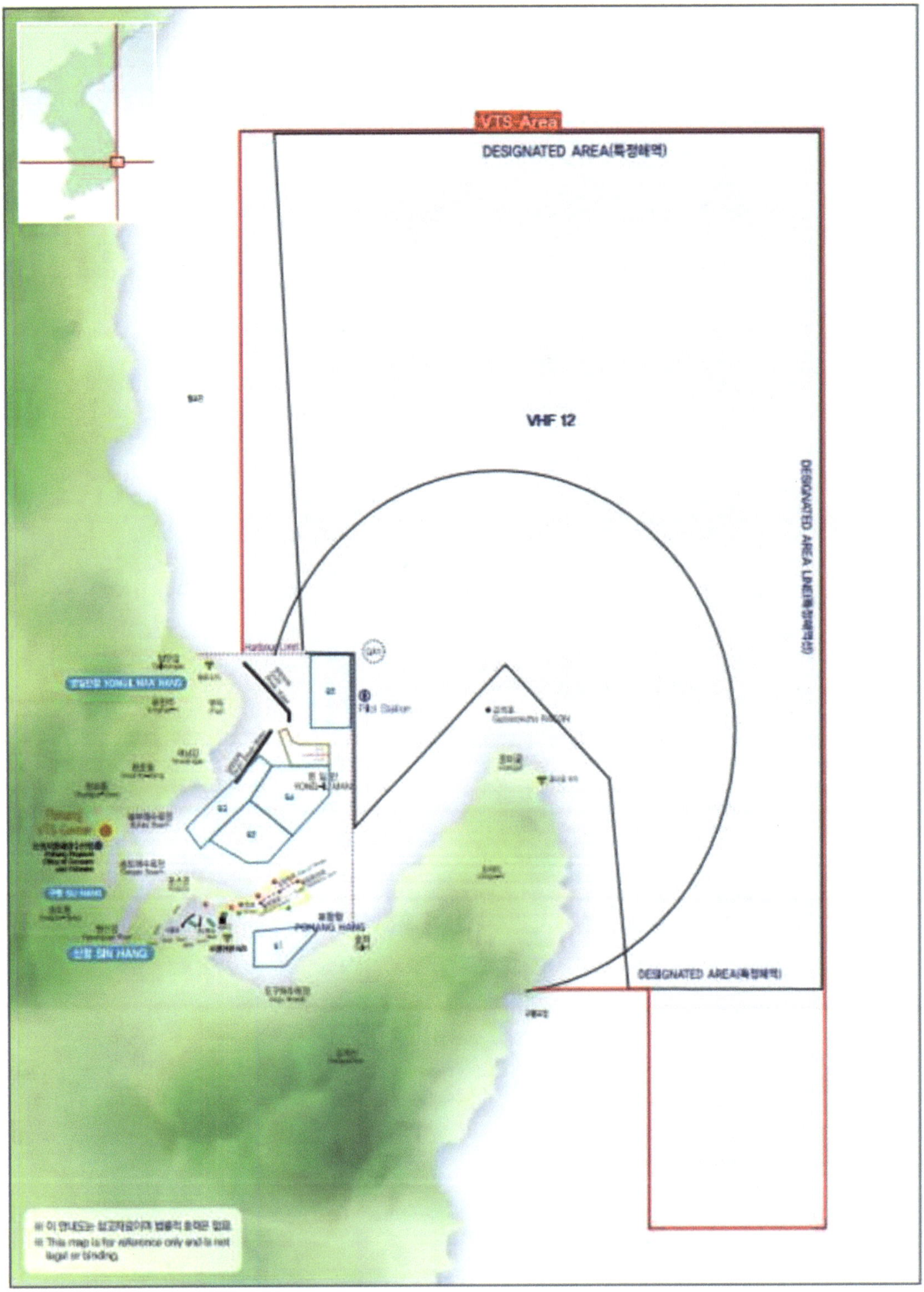

제주지방해양경찰청

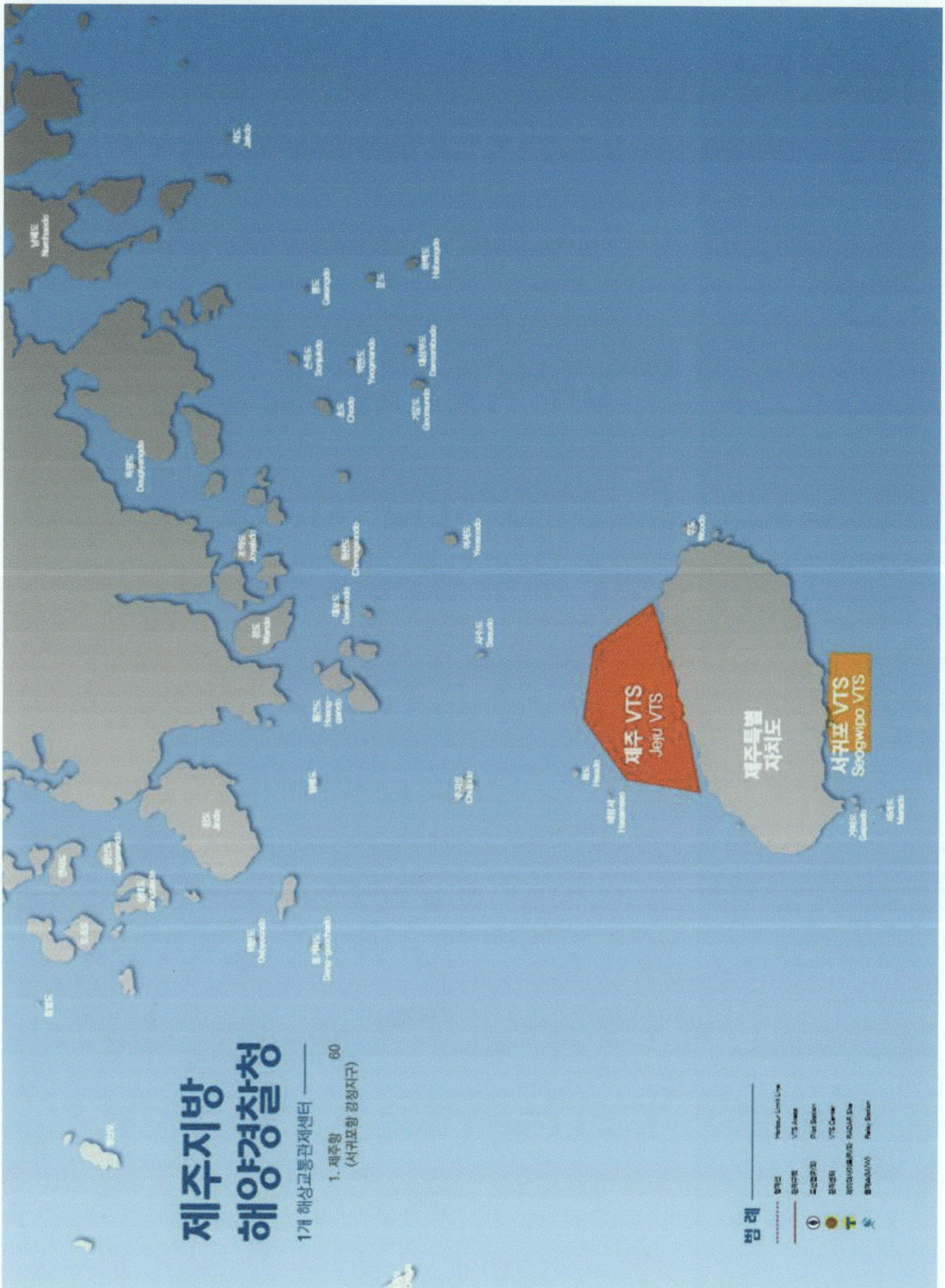

제주지방
해양경찰청
1개 해상교통관제센터 60
1. 제주항
(서귀포항 관제지구)
범례
제주 VTS
Jeju VTS
제주특별
자치도
서귀포 VTS
Seogwipo VTS

□ 제주항 해상교통관제센터

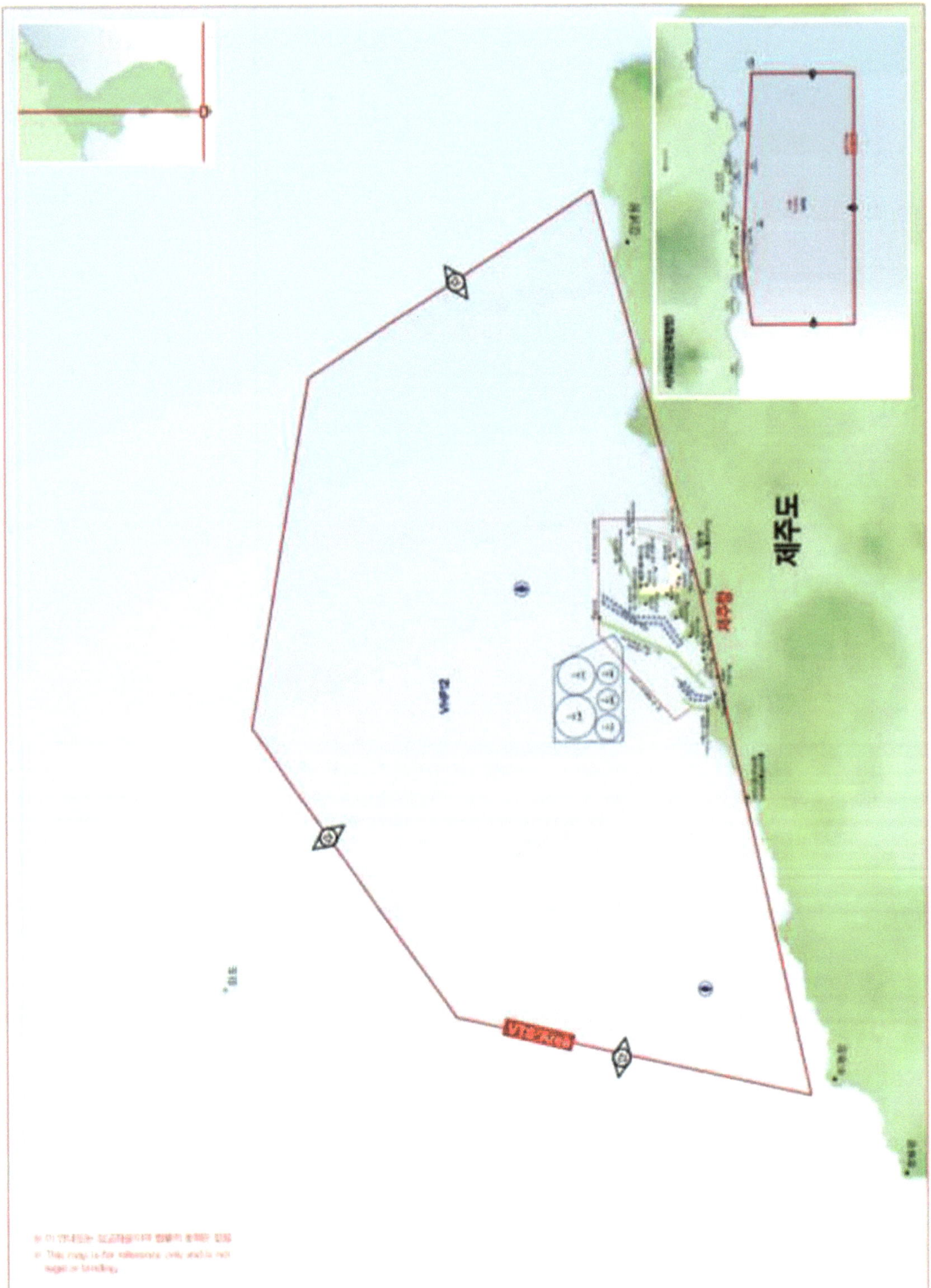

V. 참고자료

<선박교통관제에 관한 고시 별표>

1. [별표1] 선박교통관제구역
2. [별표2] 관제대상선박
3. [별표3] 관제대상선박 이동 및 도선사 승선·하선 관제통신 방법
4. [별표4] 선박교통관제구역별 관제대상선박 신고 방법
5. [별표5] 선박교통관제관서별 관제통신 제원

가 [별표1] 선박교통관제구역

선박교통관제구역(제4조 관련)

구 분	선박교통관제구역(WGS-84)
경인연안 구역	○ 다음 각 지점을 순차적으로 연결한 선 안의 해면 01. N 37° 57′ 00″, E 124° 44′ 00″ 02. N 37° 50′ 30″, E 124° 43′ 48″ 03. N 37° 45′ 30″, E 124° 41′ 00″ 04. N 37° 43′ 18″, E 124° 29′ 00″ 05. N 37° 24′ 00″, E 124° 37′ 00″ 06. N 37° 04′ 00″, E 125° 52′ 30″ 07. N 37° 11′ 30″, E 125° 54′ 30″ 08. N 37° 17′ 30″, E 126° 04′ 30″ 09. N 37° 20′ 27″, E 126° 21′ 24″ 10. N 37° 25′ 00″, E 126° 00′ 00″ 11. N 37° 38′ 30″, E 125° 43′ 30″ 12. N 37° 38′ 30″, E 125° 41′ 00″ 13. N 37° 26′ 00″, E 125° 41′ 00″ 14. N 37° 26′ 00″, E 125° 07′ 00″ 15. N 37° 47′ 00″, E 124° 46′ 00″ 16. N 37° 57′ 00″, E 124° 46′ 00″
태안연안 구역	○ 다음 각 지점을 순차적으로 연결한 선 안의 해면 01. N 37° 00′ 12″, E 126° 04′ 24″ 02. N 36° 51′ 47″, E 126° 04′ 24″ 03. N 36° 51′ 47″, E 126° 07′ 03″ 04. N 36° 50′ 45″, E 126° 09′ 00″ 05. N 36° 40′ 00″, E 126° 02′ 00″ (가의도 서방) 06. N 36° 20′ 00″, E 126° 20′ 30″ (삽시도 서방) 07. N 36° 20′ 00″, E 125° 57′ 00″ 08. N 36° 34′ 00″, E 125° 44′ 40″ 09. N 36° 48′ 00″, E 125° 44′ 40″ 10. N 37° 00′ 00″, E 125° 52′ 30″ (반서 북방)
대산항 구역	○ 다음 각 지점을 순차적으로 연결한 선 안의 해면(대산항 관제구역) 01. N 36° 50′ 45″, E 126° 08′ 57″ (태안군 소원면 의항리 정자두) 02. N 36° 51′ 47″, E 126° 07′ 03″ (신도 도선점) 03. N 36° 57′ 32″, E 126° 10′ 05″ (안도 등대) 04. N 37° 03′ 32″, E 126° 18′ 41″ (장안 · 대산 도선점) 05. N 37° 05′ 57″, E 126° 23′ 35″ (풍도 남단) 06. N 37° 07′ 39″, E 126° 26′ 41″ (말륙 도선점) 07. N 37° 07′ 52.2″, E 126° 27′ 12.6″ (당진화력 항만시설 항로) 08. N 37° 07′ 26.2″, E 126° 27′ 30.6″ (당진화력 항만시설 항로) 09. N 37° 06′ 29.2″, E 126° 28′ 05.6″ (당진화력 항만시설 항로)

구 분	선박교통관제구역(WGS-84)
	10. N 37° 05′ 14.5″ , E 126° 29′ 16.8″ (당진화력 항만시설 항로) 11. N 37° 04′ 41.3″ , E 126° 29′ 58.4″ (당진화력 항만시설 항로) 12. N 37° 04′ 41.3″ , E 126° 31′ 30.6″ (당진화력 항만시설 구역) 13. N 37° 03′ 07.8″ , E 126° 31′ 30.6″ (당진화력 항만시설 구역) ○ 다음 각 지점을 순차적으로 연결한 선 안의 해면(장안서 관제구역) 01. N 36° 51′ 47″ , E 126° 07′ 03″ (신도 도선점) 02. N 36° 51′ 47″ , E 126° 04′ 24″ 03. N 37° 00′ 12″ , E 126° 04′ 24″ 04. N 37° 06′ 42″ , E 126° 12′ 30″ 05. N 37° 02′ 34″ , E 126° 17′ 18″ 06. N 36° 57′ 32″ , E 126° 10′ 05″ (안도 등대) 07. N 36° 51′ 47″ , E 126° 07′ 03″ (신도 도선점) ○ 다음 각 지점을 순차적으로 연결한 선 안의 해면(보령항 관제구역) 01. N 36° 27′ 14.52″ , E 126° 29′ 12.63″ (면화박골 서단) 02. N 36° 24′ 36.54″ , E 126° 28′ 10.64″ (월도 동단) 03. N 36° 21′ 19.48″ , E 126° 27′ 23.11″ (저두 남단) 04. N 36° 16′ 24″ , E 126° 20′ 40″ (상홍서 등부표) 05. N 36° 11′ 00″ , E 126° 18′ 00″ (보령 도선점) 06. N 36° 11′ 00″ , E 126° 30′ 03.63″ 07. N 36° 19′ 28.57″ , E 126° 30′ 03.63″ 08. N 36° 23′ 07.55″ , E 126° 28′ 45.64″ (송도 서단) 09. N 36° 26′ 17.53″ , E 126° 31′ 00.62″ (오천국교 서단) 10. N 36° 26′ 24.53″ , E 126° 30′ 44.63″ (혜독동 동단)
평택·당진항 구역	○ 다음 각 지점을 순차적으로 연결한 선 안의 해면 01. N 37° 11′ 45″ , E 126° 32′ 10″ 02. N 37° 12′ 36″ , E 126° 26′ 48″ 03. N 37° 10′ 18″ , E 126° 26′ 54″ 04. N 37° 10′ 00″ , E 126° 24′ 54″ 05. N 37° 10′ 36″ , E 126° 24′ 36″ 06. N 37° 10′ 36″ , E 126° 23′ 24″ 07. N 37° 03′ 24″ , E 126° 16′ 24″ 08. N 37° 02′ 34″ , E 126° 17′ 18″ 09. N 37° 03′ 32″ , E 126° 18′ 41″ 10. N 37° 05′ 57″ , E 126° 23′ 35″ 11. N 37° 07′ 39″ , E 126° 26′ 41″ 12. N 37° 07′ 51″ , E 126° 27′ 11″ 13. N 37° 06′ 30″ , E 126° 28′ 05″ 14. N 37° 05′ 14″ , E 126° 29′ 16″ 15. N 37° 04′ 40″ , E 126° 29′ 58″ 16. N 37° 04′ 41″ , E 126° 31′ 30″ 17. N 37° 03′ 06″ , E 126° 31′ 30″ 18. N 37° 02′ 09″ , E 126° 33′ 46″ (장고항각) 19. N 37° 00′ 06″ , E 126° 41′ 43″ (성구미) 20. N 36° 58′ 26″ , E 126° 47′ 00″ (한진각)

구 분	**선박교통관제구역**(WGS-84)
	21. N 36° 56′ 29″ , E 126° 49′ 54″ (서부두 끝단) 22. N 36° 56′ 24″ , E 126° 50′ 44″ (내항항로 끝단) 23. N 36° 56′ 34″ , E 126° 51′ 07″ (내항항로 연장선 끝단) 24. N 37° 01′ 06″ , E 126° 47′ 48″ (남양만 끝단) 25. N 37° 07′ 02″ , E 126° 40′ 28″ (궁평항) 26. N 37° 09′ 30″ , E 126° 37′ 12″ (제부도)
인천항 구역	○ 다음 각 지점을 순차적으로 연결한 선 안의 해면(인천항 항만구역 밖) 01. N 37° 05′ 00″ , E 126° 04′ 12″ 02. N 37° 11′ 36″ , E 126° 11′ 00″ 03. N 37° 16′ 39″ , E 126° 14′ 12″ 04. N 37° 20′ 06″ , E 126° 20′ 00″ 05. N 37° 21′ 42″ , E 126° 26′ 24″ (해녀도) 06. N 37° 18′ 54″ , E 126° 28′ 48″ (남장자서) 07. N 37° 18′ 30″ , E 126° 27′ 30″ 08. N 37° 15′ 45″ , E 126° 25′ 42″ 09. N 37° 14′ 06″ , E 126° 25′ 39″ 10. N 37° 12′ 36″ , E 126° 26′ 48″ 11. N 37° 10′ 18″ , E 126° 26′ 54″ 12. N 37° 10′ 00″ , E 126° 24′ 54″ 13. N 37° 10′ 36″ , E 126° 24′ 36″ 14. N 37° 10′ 36″ , E 126° 23′ 24″ 15. N 37° 03′ 24″ , E 126° 16′ 24″ 16. N 37° 06′ 42″ , E 126° 12′ 30″ 17. N 37° 00′ 12″ , E 126° 04′ 24″ 단, 다음의 각 지점을 순차적으로 연결한 선 안의 해면은 제외 01. N 37°09′19″, E 126°10′48″ 02. N 37°16′00″, E 126°15′18″ 03. N 37°19′36″, E 126°23′30″ 04. N 37°16′48″, E 126°24′00″ 05. N 37°14′24″, E 126°24′00″ 06. N 37°12′18″, E 126°23′03″ 07. N 37°11′12″, E 126°22′00″ 08. N 37°09′06″, E 126°19′24″ 09. N 37°07′27″, E 126°18′12″ ○ 인천항 제1항로 북단선부터 인천항 항만구역의 수상구역 남측 경계선까지 다음 각 지점을 순차적으로 연결한 선 안의 해면(인천항 항만구역) 01. N 37° 17′ 16″ , E 126° 32′ 03″ (타구봉도) 02. N 37° 18′ 54″ , E 126° 28′ 48″ (남장자서) 03. N 37° 21′ 42″ , E 126° 26′ 24″ (해녀도) 04. N 37° 25′ 26″ , E 126° 32′ 58″ (인천대교) 05. N 37° 30′ 35″ , E 126° 35′ 44″ 06. N 37° 30′ 36″ , E 126° 36′ 15″

구 분	**선박교통관제구역**(WGS-84)
경인항 구역	○ 인천항 제1항로 북단선부터 인천항 항만구역의 수상구역 북측 경계선까지의 수역과 다음 각 지점을 순차적으로 연결한 선 안의 해면 01. N 37° 35′ 36.3″, E 126° 34′ 08.5″ 02. N 37° 34′ 45.7″, E 126° 33′ 21.2″ 03. N 37° 36′ 52.8″, E 126° 32′ 37.7″ 04. N 37° 36′ 54.2″, E 126° 33′ 16.6″ ○ 인천·김포터미널 및 아라뱃길을 포함한 경인항 항만구역의 수상구역
진도연안 구역	○ 다음 각 지점을 순차적으로 연결한 선 안의 해면 01. N 34° 39′ 48″, E 125° 56′ 18″ (도초도) 02. N 34° 39′ 48″, E 125° 32′ 00″ (흑산도 동방) 03. N 34° 31′ 12″, E 125° 32′ 00″ (흑산도 남방) 04. N 34° 08′ 06″, E 125° 35′ 06″ (남매물 수로 서방) 05. N 34° 03′ 48″, E 125° 43′ 12″ (남매물 수로 남방) 06. N 34° 03′ 48″, E 126° 21′ 00″ (보길도 서방) 07. N 34° 21′ 00″, E 126° 28′ 18″ (어란진) 08. N 34° 20′ 54″, E 126° 11′ 18″ (대소당도) 09. N 34° 21′ 24″, E 126° 07′ 24″ (진도 신도) 10. N 34° 26′ 24″, E 126° 03′ 48″ (불도) 11. N 34° 27′ 48″, E 126° 02′ 06″ (가사도) 12. N 34° 34′ 45″, E 125° 58′ 06″ (하의도 신도)
여수연안 구역	○ 다음 각 지점을 순차적으로 연결한 선 안의 해면 01. N 34° 24′ 30″, E 128° 00′ 00″ (작도동방) 02. N 34° 12′ 00″, E 128° 00′ 00″ (간여암 남동방) 03. N 34° 04′ 00″, E 127° 35′ 00″ (상백도) 04. N 33° 54′ 00″, E 127° 35′ 00″ (하백도 남방) 05. N 33° 54′ 00″, E 127° 00′ 00″ (여서도 남동방) 06. N 34° 13′ 00″, E 127° 00′ 00″ (구도) 07. N 34° 18′ 00″, E 127° 08′ 00″ (섭도) 08. N 34° 22′ 50″, E 127° 16′ 15″ (시산도) 09. N 34° 24′ 40″, E 127° 30′ 00″ (외나로도) 10. N 34° 24′ 30″, E 127° 48′ 15″ (소리도)
여수·광양항 구역	○ 여수신항·광양항 항만구역의 수상구역과 특정해역을 중심한 다음 각 지점을 순차적으로 연결한 선 안의 해면 01. N 34° 50′ 06″, E 127° 46′ 30″ 02. N 34° 50′ 50″, E 127° 48′ 12″ 03. N 34° 43′ 30″, E 127° 51′ 30″ 04. N 34° 41′ 15″, E 128° 00′ 00″ 05. N 34° 24′ 30″, E 128° 00′ 00″ 06. N 34° 24′ 30″, E 127° 50′ 30″ 07. N 34° 30′ 00″, E 127° 50′ 30″ 08. N 34° 35′ 00″, E 127° 49′ 00″ 09. N 34° 40′ 42″, E 127° 49′ 00″ 10. N 34° 45′ 35″, E 127° 45′ 25″

구 분	선박교통관제구역(WGS-84)
완도항 구역	○ 다음 각 지점을 순차적으로 연결한 선 안의 해면(완도항 및 인근 수역) 01. N 34° 17′ 32″, E 126° 31′ 30″ 02. N 34° 18′ 00″, E 126° 27′ 00″ 03. N 34° 11′ 55″ , E 126° 24′ 24″ 04. N 34° 14′ 40″, E 126° 33′ 45″ 05. N 34° 13′ 00″, E 127° 00′ 00″ 06. N 34° 16′ 54″ , E 127° 06′ 20″ 07. N 34° 18′ 24″, E 127° 06′ 20″ 08. N 34° 18′ 24″, E 127° 00′ 00″ 09. N 34° 17′ 52″, E 126° 57′ 15″ 10. N 34° 19′ 45″, E 126° 57′ 20″ 11. N 34° 19′ 45″, E 126° 53′ 55″ 12. N 34° 17′ 00″, E 126° 52′ 06″ 13. N 34° 19′ 33″ , E 126° 47′ 00″ 14. N 34° 18′ 46″ , E 126° 46′ 12″ 15. N 34° 17′ 17″, E 126° 46′ 38″ 16. N 34° 16′ 30″, E 126° 32′ 30″
	○ 다음 각 지점을 순차적으로 연결한 선 안의 해면(청산 · 소안도 남방 수역) 01. N 34° 08′ 13″ , E 126° 22′ 51″ 02. N 34° 05′ 38″ , E 126° 36′ 12″ 03. N 34° 08′ 30″, E 126° 45′ 15″ 04. N 34° 13′ 49″ , E 126° 47′ 19″ 05. N 34° 13′ 36″ , E 126° 50′ 34″ 06. N 34° 08′ 30″ , E 126° 50′ 52″ 07. N 34° 08′ 30″ , E 127° 00′ 00″ 08. N 33° 59′ 43″, E 127° 00′ 00″ 09. N 33° 59′ 43″ , E 126° 25′ 39″ 10. N 34° 03′ 48″ , E 126° 21′ 00″
목포항 구역	○ 다음 01부터 07까지를 순차적으로 연결한 선 안의 해면과 08부터 10까지 순차적으로 연결한 선 안의 해면(목포항 항만구역 내) 01. 34° 48′ 51″ N, E 126° 22′ 12″ 02. 34° 48′ 48″ N, E 126° 21′ 34″ (정주도) 03. 34° 48′ 25″ N, E 126° 21′ 03″ (구례도) 04. 34° 47′ 41″ N, E 126° 20′ 26″ (장좌도) 05. 34° 46′ 55″ N, E 126° 20′ 20″ 06. 34° 45′ 34″ N, E 126° 19′ 06″ (달리도) 07. 34° 45′ 01″ N, E 126° 19′ 02″ (양화리) 08. 34° 43′ 47″ N, E 126° 19′ 48″ 09. 34° 44′ 13″ N, E 126° 20′ 25″ 10. 34° 42′ 52″ N, E 126° 22′ 43″
	○ 다음 각 지점을 순차적으로 연결한 선 안의 해면(목포항 항만구역 밖) 01. 34° 45′ 34″ N, E 126° 19′ 06″ (달리도) 02. 34° 45′ 01″ N, E 126° 19′ 02″ (양화리) 03. 34° 45′ 45″ N, E 126° 17′ 51″ 04. 34° 45′ 24″ N, E 126° 17′ 09″ 05. 34° 40′ 33″ N, E 126° 15′ 00″ (작도도)

구 분	선박교통관제구역(WGS-84)
	06. 34° 36′44″N, E 126° 15′30″(임하도) 07. 34° 35′16″N, E 126° 17′57″(양도/동) 08. 34° 34′54″N, E 126° 17′48″(양도/서) 09. 34° 35′21″N, E 126° 14′25″ 10. 34° 29′23″N, E 126° 10′06″(신도) 11. 34° 27′17″N, E 126° 06′37″(소장도) 12. 34° 25′02″N, E 126° 04′46″ 13. 34° 26′24″N, E 126° 03′48″(불도) 14. 34° 27′28″N, E 126° 02′32″(대소동도) 15. 34° 29′24″N, E 126° 06′37″(양덕도) 16. 34° 33′48″N, E 126° 09′10″(고사도) 17. 34° 37′28″N, E 126° 13′08″(마진도) 18. 34° 40′15″N, E 126° 12′36″(치도) 19. 34° 42′00″N, E 126° 12′09″ 20. 34° 43′45″N, E 126° 11′24″(변도) 21. 34° 50′18″N, E 126° 10′18″(암치도) 22. 34° 50′51″N, E 126° 13′06″(역도) 23. 34° 49′30″N, E 126° 19′36″(압해도) 24. 34° 46′39″N, E 126° 17′24″(외달도)
군산항 구역	○ 군산항 항만구역의 수상구역과 다음 각 지점을 순차적으로 연결한 선 안의 해면 01. N 36° 00′ 14″, E 126° 31′ 00″ 02. N 36° 07′ 30″, E 126° 24′ 00″ 03. N 36° 04′ 43″, E 126° 20′ 00″ 04. N 35° 57′ 00″, E 126° 16′ 30″ 05. N 35° 51′ 30″, E 126° 18′ 45″ 06. N 35° 51′ 30″, E 126° 30′ 00″ 07. N 35° 56′ 00″, E 126° 31′ 56″ 08. N 35° 58′ 15″, E 126° 31′ 17″ 09. N 35° 58′ 39″, E 126° 37′ 01″ 10. N 35° 58′ 14″, E 126° 37′ 05″ 11. N 35° 58′ 15″, E 126° 37′ 28″ 12. N 35° 58′ 40″, E 126° 37′ 26″ 13. N 35° 59′ 39″, E 126° 42′ 24″ 14. N 35° 59′ 06″, E 126° 43′ 58″ 15. N 35° 59′ 16″, E 126° 44′ 30″ 16. N 36° 00′ 01″, E 126° 43′ 36″ 17. N 36° 00′ 31″, E 126° 41′ 00″ 18. N 36° 00′ 33″, E 126° 39′ 47″ 19. N 36° 00′ 24″, E 126° 37′ 46″
통영연안 구역	○ 다음 각 지점을 순차적으로 연결한 선 안의 해면 01. N 34° 45′ 00″, E 128° 10′ 00″ 02. N 34° 49′ 54.46″, E 128° 7′ 16.03″ 03. N 34° 54′ 1.32″, E 128° 6′ 7.14″ 04. N 34° 54′ 9.26″, E 128° 6′ 39.68″

구 분	선박교통관제구역(WGS-84)
	05. N 34° 54′ 47.75″ , E 128° 6′ 8.36″ 06. N 34° 54′ 47.75″ , E 128° 5′ 9.76″ 07. N 34° 54′ 32.67″ , E 128° 5′ 9.76″ 08. N 34° 53′ 46.51″ , E 128° 5′ 6.61″ 09. N 34° 52′ 46.35″ , E 128° 5′ 6.38″ 10. N 34° 51′ 49.48″ , E 128° 5′ 6.91″ 11. N 34° 49′ 47.69″ , E 128° 5′ 22.21″ 12. N 34° 45′ 00″, E 128° 5′ 54″ 13. N 34° 45′ 00″, E 128° 00′ 00″ (남해도 금산 남방) 14. N 34° 23′ 00″, E 128° 00′ 00″ (세존도 남서방) 15. N 34° 23′ 00″, E 128° 47′ 00″ (홍도 남동방) 16. N 34° 45′ 00″, E 128° 47′ 00″ (서이말 남동말) 17. N 34° 40′ 29″, E 128° 47′ 00″ 18. N 34° 45′ 00″, E 128° 22′ 00″ 19. N 34° 29′ 47″, E 128° 28′ 28″ 20. N 34° 29′ 47″, E 128° 22′ 00″ 21. N 34° 29′ 47″, E 128° 00′ 00″
울산항 구역	○ 다음 각 지점을 순차적으로 연결한 선 안의 해면 01. N 35° 33′ 51.9″ , E 129° 27′ 28.4″ 02. N 35° 34′ 00″, E 129° 28′ 24″ (이덕서 등부표) 03. N 35° 32′ 47.1″ , E 129° 38′ 03.7″ 04. N 35° 21′ 09.6″ , E 129° 36′ 19.6″ 05. N 35° 15′ 24″, E 129° 31′ 12.8″ 06. N 35° 19′ 46.4″ , E 129° 18′ 41.5″
부산항 구역	○ 다음 각 지점을 순차적으로 연결한 선 안의 해면 01. N 35° 01′ 56″, E 128° 57′ 57″ (몰운대 남단) 02. N 34° 58′ 46.4″ , E 128° 59′ 22.2″ (나무섬 등대) 03. N 34° 50′ 30″ , E 129° 02′ 30″ 04. N 34° 56′ 00″ , E 129° 15′ 00″ 05. N 35° 05′ 00″ , E 129° 20′ 00″ 06. N 35° 11′ 48″ , E 129° 13′ 45″
부산신항 구역	○ 다음 각 지점을 순차적으로 연결한 선 안의 해면 01. N 35° 01′ 56″, E 128° 57′ 57″ (몰운대 남단) 02. N 34° 58′ 46.4″ , E 128° 59′ 22.2″ (나무섬) 03. N 34° 50′ 30″, E 129° 02′ 30″ 04. N 34° 45′ 00″, E 128° 50′ 00″ 05. N 34° 55′ 00″, E 128° 50′ 00″ 06. N 34° 58′ 27″, E 128° 45′ 22″ (갈산도) 07. N 35° 03′ 36″, E 128° 45′ 45″ (연도) 08. N 35° 05′ 06″, E 128° 43′ 23″ (우도) 09. N 35° 05′ 43″, E 128° 43′ 11″ (진해명동신명)

구 분	선박교통관제구역(WGS-84)
마산항 구역	○ 다음 각 지점을 순차적으로 연결한 선 안의 해면(마산항, 진해항, 고현항, 안정항, 진해만 해역 포함) 01. N 35° 05′ 42″ , E 128° 43′ 12″ (진해시 명동) 02. N 35° 05′ 06″ , E 128° 43′ 24″ (우도 남동단) 03. N 35° 03′ 42″ , E 128° 45′ 42″ (연도 남서단) 04. N 34° 58′ 27″ , E 128° 45′ 24″ (갈산도) 05. N 34° 58′ 06″ , E 128° 44′ 12″ (이수도 동단) 06. N 34° 54′ 53″ , E 128° 33′ 51″ (고현항 사두도 북단) 07. N 34° 56′ 36″ , E 128° 26′ 08″ (안정항 저도 동단) ※ 관제 제외구역 ○ 진해항 부근 부도북측 항행금지구역 ○ N35° 03′ 12″ , E 128° 34′ 03″ (저도 남단)과 N 35° 00′ 45″ , E128° 30′ 03″ (호암산 동측)을 연결한 북서쪽 해상 ○ 레이더가 탐지되지 않는 고현항 항내 ○ 다음 각 지점을 순차적으로 연결한 선 안의 해면(옥포항, 장승포항, 지세포 원유기지 포함) 01. N 34° 58′ 06″ , E 128° 44′ 12″ (이수도 동단) 02. N 34° 58′ 27″ , E 128° 45′ 24″ (갈산도) 03. N 34° 55′ 00″ , E 128° 50′ 00″ (제9도선점 남동단) 04. N 34° 45′ 00″ , E 128° 50′ 00″ (지심도 부근 투묘 제한구역 동단) 05. N 34° 47′ 12″ , E 128° 44′ 24″ (서이말 등대) ※ 관제 제외구역 ○ 레이더가 탐지되지 않는 옥포·장승포항 항내
동해항 구역	○ 다음 각 지점을 순차적으로 연결한 선 안의 해면(동해·묵호항, 삼척항, 옥계항 해역) 01. N 37 ° 40 ′ 36.736 ″ , E 129 ° 03 ′ 05.895 ″ 02. N 37 ° 45 ′ 15.735 ″ , E 129 ° 04 ′ 03.664 ″ 03. N 37 ° 44 ′ 01.203 ″ , E 129 ° 13 ′ 44.394 ″ 04. N 37 ° 26 ′ 40.393 ″ , E 129 ° 24 ′ 32.015 ″ 05. N 37 ° 21 ′ 23.978 ″ , E 129 ° 18 ′ 11.956 ″ 06. N 37 ° 22 ′ 58.217 ″ , E 129 ° 15 ′ 21.689 ″ ○ 다음의 각 지점을 순차적으로 연결한 선 안의 해면(호산항 해역) 01. N 37 ° 15 ′ 00 ″ , E 129 ° 20 ′ 30 ″ 02. N 37 ° 15 ′ 00 ″ , E 129 ° 29 ′ 05 ″ 03. N 37 ° 04 ′ 00 ″ , E 129 ° 32 ′ 41 ″ 04. N 37 ° 04 ′ 00 ″ , E 129 ° 25 ′ 19 ″
포항항 구역	○ 다음 각 지점을 순차적으로 연결한 선 안의 해면 01. N 36° 07′ 16″ , E 129° 25′ 00″ (용한리 동단) 02. N 36° 07′ 16″ , E 129° 26′ 00″ (용한리 동방) 03. N 36° 19′ 11″ , E 129° 26′ 00″ (구계항 동방) 04. N 36° 19′ 11″ , E 129° 43′ 52″ (구계항 동방) 05. N 35° 53′ 32″ , E 129° 43′ 52″ (양포항 동방)

구 분	선박교통관제구역(WGS-84)
	06. N 35° 53′ 32″ , E 129° 37′ 30″ (양포항 동방) 07. N 36° 00′ 11″ , E 129° 37′ 30″ (삼정항 동방) 08. N 36° 00′ 11″ , E 129° 34′ 25″ (삼정항 동단)
제주항 구역	○ 다음 각 지점을 순차적으로 연결한 선 안의 해면(제주항 및 인근 수역) 01. N 33 ° 31 ′ 18 ″ , E 126 ° 32 ′ 47 ″ 02. N 33 ° 34 ′ 46 ″ , E 126 ° 46 ′ 25 ″ 03. N 33 ° 41 ′ 26 ″ , E 126 ° 40 ′ 20 ″ 04. N 33 ° 43 ′ 00 ″ , E 126 ° 29 ′ 35 ″ 05. N 33 ° 37 ′ 41 ″ , E 126 ° 20 ′ 37 ″ 06. N 33 ° 28 ′ 53 ″ , E 126 ° 18 ′ 41 ″
	○ 다음 각 지점을 순차적으로 연결한 선 안의 해면(서귀포항 강정지구 및 인근 수역) 01. N 33 ° 13 ′ 50 ″ , E 126 ° 29 ′ 03 ″ 02. N 33 ° 13 ′ 23 ″ , E 126 ° 39 ′ 20 ″ (지귀도 남방) 03. N 33 ° 08 ′ 23 ″ , E 126 ° 39 ′ 20 ″ 04. N 33 ° 08 ′ 23 ″ , E 126 ° 24 ′ 49 ″ 05. N 33 ° 13 ′ 23 ″ , E 126 ° 24 ′ 49 ″

※ 비고: 상기 선박교통관제구역 중 레이더 음영구역은 제외한다.

나 [별표2] 관제대상선박

관제대상선박(제5조 관련)

구 분 (선박교통관제구역)	대상선박
경인연안, 태안연안, 진도연안, 여수연안 구역	○ 국제항해에 종사하는 선박 ○ 총톤수 300톤 이상의 선박(단, 내항어선은 제외한다) ○ 「해사안전법」 제2조제6호에 따른 위험화물운반선 ○ 부선이나 구조물을 끌거나 밀어서 이동시키는 선박자동식별장치를 설치한 예인선 ○ 여객선 ○ 총톤수 2톤 이상의 선박자동식별장치를 설치한 유선 ○ 총톤수 300톤 미만의 선박자동식별장치를 설치한 다음 어느 하나에 해당하는 선박 - 공사 또는 작업에 종사하는 선박 - 해양조사선 · 순찰선 · 표지선 · 측량선 · 어업지도선 · 시험조사선 등 행정목적으로 운영하는 관공선
통영연안, 대산항, 평택 · 당진항, 인천항, 경인항, 여수 · 광양항, 완도항, 목포항, 군산항, 울산항, 부산항, 부산신항, 마산항, 동해항, 포항항, 제주항 구역	○ 국제항해에 종사하는 선박 ○ 총톤수 300톤 이상의 선박(단, 내항어선은 제외한다) ○ 「해사안전법」 제2조제6호에 따른 위험화물운반선 ○ 부선이나 구조물을 끌거나 밀어서 이동시키는 선박자동식별장치를 설치한 예인선 ○ 여객선 ○ 총톤수 2톤 이상의 선박자동식별장치를 설치한 유선 ○ 총톤수 300톤 미만의 선박자동식별장치를 설치한 다음 어느 하나에 해당하는 선박 - 「선박의 입항 및 출항 등에 관한 법률」 제2조제4호에 따른 예선 - 「선박의 입항 및 출항 등에 관한 법률」 제2조제5호라목에 따른 급수선 · 급유선 · 도선선 · 통선 - 공사 또는 작업에 종사하는 선박 - 해양조사선 · 순찰선 · 표지선 · 측량선 · 어업지도선 · 시험조사선 등 행정목적으로 운영하는 관공선

다 [별표3] 관제대상선박 이동 및 도선사 승선·하선 관제통신 방법

관제대상선박 이동 및 도선사 승선·하선 관제통신 방법(제7조 제1항 관련)

<table>
<tr><th colspan="2">구 분</th><th>관제통신 시점 및 지점</th><th>관제통신 내용</th></tr>
<tr><td rowspan="4">대산항
구역</td><td rowspan="3">선박
이동</td><td>○ 이동예정 10분 전</td><td>· 선박명, 호출부호
· 이동예정시각
· 이동예정장소</td></tr>
<tr><td>○ 이동 시작</td><td>· 선박명
· 이동시각 및 장소</td></tr>
<tr><td>○ 이동 완료</td><td>· 선박명
· 이동완료시각
· 이동완료장소</td></tr>
<tr><td>도선사
승선·
하선</td><td>○ 제1도선점(보령)
-N 36° 11′ 18″, E 126° 18′ 27″
※ 보령항 제1호 등부표와 제2호 등부표를 연결한 선에서 도선점 방향으로 0.5마일 떨어진 평행선과 보령 도선점 사이
○ 제2도선점(신도)
-N 36° 51′ 47″, E 126° 07′ 03″
※ (대산항·태안화력 입·출항시) 대산항 제1호 등부표와 제2호 등부표를 연결한 선에서 도선점 방향으로 0.5마일 떨어진 평행선과 신도 도선점 사이
○ 제3도선점(장안대산)
-N 37° 02′ 00″, E 126° 16′ 30″
○ 기상특보 발효 시 도선사 승·하선 구역
<table>
<tr><th>항별</th><th>도선점</th><th>입·출항 구분</th><th>승·하선 구역</th></tr>
<tr><td rowspan="2">대산항</td><td>장안대산 도선점</td><td>출항</td><td>유조선 SPM 통과후 장안서 2-2 및 2-3 부표 연결선 사이</td></tr>
<tr><td>신도 도선점</td><td>출항</td><td>대산항 제3호 등부표와 신도등대 사이</td></tr>
<tr><td>보령항</td><td>보령 도선점</td><td>출항</td><td>보령항 제7호 등부표와 제8호 등부표 사이</td></tr>
</table>
</td><td>· 선박명
· 도선사 성명(약호)
· 승선·하선 시각 및 지점</td></tr>
<tr><td rowspan="4">평택·
당진항
구역</td><td rowspan="3">선박
이동</td><td>○ 이동예정 10분 전</td><td>· 선박명, 호출부호
· 이동예정시각
· 이동예정장소</td></tr>
<tr><td>○ 이동 시작</td><td>· 선박명
· 이동시각 및 장소</td></tr>
<tr><td>○ 이동 완료</td><td>· 선박명
· 이동완료시각
· 이동완료장소</td></tr>
<tr><td>도선사
승선·
하선</td><td>○ 다음의 각 지점을 순차적으로 연결한 선을 중심으로 폭 400미터의 수역 또는 인접한 가항수역</td><td>· 선박명
· 승선·하선 시각 및 지점</td></tr>
</table>

<table>
<tr><th colspan="2">구 분</th><th>관제통신 시점 및 지점</th><th>관제통신 내용</th></tr>
<tr><td></td><td></td><td>
<table>
<tr><th>구분</th><th colspan="2">승선 · 하선구역</th></tr>
<tr><td rowspan="2">장안서</td><td>승선</td><td>01. 37° 02′ 08″ N, 126° 15′ 27″ E
02. 37° 03′ 41″ N, 126° 18′ 27″ E
03. 37° 04′ 33″ N, 126° 19′ 19″ E</td></tr>
<tr><td>하선</td><td>01. 37° 04′ 54″ N, 126° 18′ 48″ E
02. 37° 04′ 09″ N, 126° 18′ 00″ E
03. 37° 02′ 44″ N, 126° 15′ 00″ E</td></tr>
<tr><td rowspan="2">입파도</td><td>승선</td><td>01. 37° 08′ 00″ N, 126° 27′ 30″ E
02. 37° 08′ 00″ N, 126° 30′ 45″ E
03. 37° 07′ 51″ N, 126° 31′ 55″ E
04. 37° 07′ 34″ N, 126° 32′ 30″ E</td></tr>
<tr><td>하선</td><td>01. 37° 07′ 54″ N, 126° 32′ 43″ E
02. 37° 08′ 24″ N, 126° 31′ 38″ E
03. 37° 08′ 30″ N, 126° 30′ 45″ E
04. 37° 08′ 30″ N, 126° 27′ 30″ E</td></tr>
<tr><td rowspan="2">풍도</td><td>승선</td><td>01. 37° 07′ 20″ N, 126° 22′ 15″ E
02. 37° 08′ 00″ N, 126° 22′ 56″ E
03. 37° 08′ 00″ N, 126° 26′ 00″ E</td></tr>
<tr><td>하선</td><td>01. 37° 08′ 30″ N, 126° 26′ 00″ E
02. 37° 08′ 30″ N, 126° 22′ 33″ E
03. 37° 07′ 43″ N, 126° 21′ 42″ E</td></tr>
<tr><td rowspan="2">도리도</td><td>승선</td><td>01. 37° 06′ 50″ N, 126° 34′ 06″ E
02. 37° 06′ 03″ N, 126° 35′ 52″ E
03. 37° 04′ 45″ N, 126° 37′ 42″ E</td></tr>
<tr><td>하선</td><td>01. 37° 04′ 59″ N, 126° 37′ 57″ E
02. 37° 06′ 20″ N, 126° 36′ 06″ E
03. 37° 07′ 10″ N, 126° 34′ 18″ E</td></tr>
</table>
</td><td>· 도선사 성명(약호)
· 목적지
※ 선박의 수면상 최고높이가 62미터 이상으로 서해대교를 통과하는 경우
· 그 밖에 항행안전에 필요한 사항</td></tr>
<tr><td rowspan="4">인천항 구역</td><td rowspan="3">선박 이동</td><td>○ 이동예정 10분 전</td><td>· 선박명, 호출부호
· 이동예정시각
· 이동예정장소
· 수면상 최고높이
※ 선박의 수면상 최고높이가 50미터 이상으로 인천대교를 통과하는 경우</td></tr>
<tr><td>○ 이동 시작</td><td>· 선박명
· 이동시각 및 장소</td></tr>
<tr><td>○ 이동 완료</td><td>· 선박명
· 이동완료시각
· 이동완료장소</td></tr>
<tr><td>도선사 승선 · 하선</td><td>○ 팔미 승선 · 하선구역(강제도선구역)
-(평시) N 37° 20′ 22″, E 126° 28′ 18″ 지점을 중심으로 반경 2마일 이내의 해역
-(기상특보 또는 이에 준하는 기상악화 시) N 37° 22′ 40″, E 126° 32′ 24″ 지점을 중심으로 반경 1마일 이내의 해역

○ 신항 승선구역(강제도선구역)
- (평시) N 37° 18′ 06″, E 126° 25′ 54″ 지점을 중심으로 반경 2마일 이내의 해역
- (기상특보 또는 이에 준하는 기상악화 시) N 37° 19′ 47″, E 126° 33′ 00″ 지점을</td><td>· 선박명
· 도선사 성명(약호)
· 승선·하선 시각 및 지점
· 목적지(입항시)
· 차항지(출항시)</td></tr>
</table>

구 분		관제통신 시점 및 지점	관제통신 내용
		중심으로 반경 1마일 이내의 해역 ○ 장안 승선구역 -(평시) N 37° 04′ 40″, E 126° 16′ 05″ 지점을 중심으로 반경 2마일 이내의 해역 -(기상특보 또는 이에 준하는 기상악화 시) N 37° 06′ 41″, E 126° 19′ 06″ 지점을 중심으로 반경 1마일 이내의 해역 ○ 동백 하선구역 -(평시) N 37° 13′ 50″, E 126° 13′ 05″ 지점을 중심으로 반경 2마일 이내의 해역	
경인항 구역	선박 이동	○ 이동예정 10분 전	· 선박명, 호출부호 · 이동예정시각 · 이동예정장소 · 수면상 최고높이 ※ 선박의 수면상 높이가 30미터를 초과하고 영종대교를 통과하는 경우
		○ 이동 시작	· 선박명 · 이동시각 및 장소 · 수면상 최고높이 ※ 선박의 수면상 높이가 30미터를 초과하고 영종대교를 통과하는 경우
		○ 이동 완료	· 선박명 · 이동완료시각 · 이동완료장소
	도선사 승선· 하선	○ 도선점 - N 37° 30' 36", E 126° 35' 53" 지점 (인천항 제1항로 북단)	· 선박명 · 도선사 성명(약호) · 승선·하선 시각 · 목적지
여수· 광양항 구역	선박 이동	○ 이동예정 10분 전	· 선박명, 호출부호 · 이동예정시각 · 이동예정장소
		○ 이동 시작	· 선박명 · 이동시각 및 장소
		○ 이동 완료	· 선박명 · 이동완료시각 · 이동완료장소
	도선사 승선· 하선	○ 제1도선점(승선구역): 다음의 각 지점을 순차적으로 연결한 선 안의 해면 01. N 34° 40′ 53.89″, E 127° 54′ 53.29″ 02. N 34° 41′ 49.70″, E 127° 55′ 42.21″ 03. N 34° 41′ 23.95″, E 127° 56′ 38.32″ 04. N 34° 40′ 37.12″, E 127° 56′ 49.10″ 05. N 34° 40′ 29.94″, E 127° 55′ 42.21″	· 별표 4 신고방법에 따른 보고 내용 · 도선사 승선·하선 시각

구 분		관제통신 시점 및 지점	관제통신 내용
		○ 제2도선점(하선구역): 다음의 각 지점을 순차적으로 연결한 선 안의 해면 01. N 34° 42′ 41″, E 127° 50′ 16″ 02. N 34° 41′ 32″, E 127° 52′ 22″ 03. N 34° 41′ 57″, E 127° 52′ 42″ 04. N 34° 43′ 05″, E 127° 50′ 33″ ○ 제3도선점(승선·하선구역): 다음의 각 지점을 순차적으로 연결한 선 안의 해면 01. N 34° 44′ 03″, E 127° 50′ 34″ 02. N 34° 44′ 58″, E 127° 49′ 58″ 03. N 34° 45′ 46″, E 127° 49′ 57″ 04. N 34° 45′ 30″, E 127° 48′ 38″ 05. N 34° 44′ 03″, E 127° 49′ 02″	
완도항 구역	선박 이동	○ 이동 예정 10분 전	· 선박명, 호출부호 · 이동예정시각 · 이동예정장소
		○ 이동 시작	· 선박명 · 이동시각 및 장소
		○ 이동 완료	· 선박명 · 이동완료시각 · 이동완료장소
	도선사 승선 · 하선	○ 도선점 -N 34° 17′ 45″, E 126° 49′ 00″	· 별표 4 신고방법에 따른 보고 내용 · 도선사 승선·하선 시각
목포항 구역	선박 이동	○ 이동예정 10분 전	· 선박명, 호출부호 · 이동예정시각 · 이동예정장소
		○ 이동 시작	· 선박명 · 이동시각 및 장소
		○ 이동 완료	· 선박명 · 이동완료시각 · 이동완료장소
	도선사 승선 · 하선	○ 제1도선점(가사도) -N 34° 27′ 42″, E 125° 03′ 42″ 반경 1마일내 ○ 제2도선점(불무기도) -N 34° 46′ 00″, E 126° 15′ 00″ 반경 1마일내	· 별표 4 신고방법에 따른 보고 내용 · 도선사 승선·하선 시각
군산항 구역	선박 이동	○ 이동예정 10분 전	· 선박명, 호출부호 · 이동예정시각 · 이동예정장소
		○ 이동 시작	· 선박명 · 이동시각 및 장소
		○ 이동 완료	· 선박명 · 이동완료시각 · 이동완료장소
	도선사 승선 ·	○ 승선구역 -N 35° 57' 00", E 126° 25' 30"를	· 별표 4 신고방법에 따른 보고 내용

구 분		관제통신 시점 및 지점	관제통신 내용
	하선	기점으로 한 반경 2.0마일 이내의 해역 ○ 하선구역 -N 35° 58' 00", E 126° 28' 00"를 기점으로 한 반경 1.0마일 이내의 해역	· 도선사 승선·하선 시각
통영연안 구역	선박 이동	○ 이동예정 10분 전	· 선박명, 호출부호 · 이동예정시각 · 이동예정장소
		○ 이동 시작	· 선박명 · 이동시각 및 장소
		○ 이동 완료	· 선박명 · 이동완료시각 · 이동완료장소
	도선사 승선 · 하선	○ 마산항 제7도선점 (삼천포항 입 · 출항 선박) – N 34° 52' 07" , E 128° 05' 15" ※ 각 도선점을 기준으로 반경 1마일내수역을 도선사 승선 · 하선 구역으로 한다.	· 선박명 · 도선사 성명(약호) · 승선·하선 시각 및 지점
울산항 구역	선박 이동	○ 이동예정 10분 전	· 선박명, 호출부호 · 이동예정시각 · 이동예정장소
		○ 이동 시작	· 선박명 · 이동시각 및 장소
		○ 이동 완료	· 선박명 · 이동완료시각 · 이동완료장소
	도선사 승선 · 하선	○ 제1승선구역 -제1도선점(N35° 22′ 36″ , E129° 26′ 00″)에서 1마일을 반경으로 하는 해역 ○ 제2승선구역 -제2도선점(N35° 22′ 00″ , E129° 27′ 30″)에서 1마일을 반경으로 하는 해역 ○ 제3승선구역 -제3도선점(N35° 20′ 55″ , E129° 28′ 50″)에서 1.0마일을 반경으로 하는 해역 ○ 미포항 승선·하선구역 -미포항의 항계선에서 안쪽과 바깥쪽 0.5마일을 연결하는 해역 ○ 하선구역 -울산항(본항, 온산항)은 기준점(N35° 24′ 16″ , E129° 25′ 15″)에서 2.7마일을 반경으로 하는 해역 -울산항(신항 남항)은 기준점(N35° 22′ 42″ , E129° 24′ 00″)에서 1.5마일을 반경으로 하는 해역	○ 입항시(승선시) · 선박명, 호출부호 · 도선사 번호 · 승선시각 · 접안장소 ○ 입항시(접안시) · 선박명 · 접안장소 · 접안시각 ○ 출항시(승선즉시 / 예보) · 선박명, 호출부호 · 도선사 번호 · 승선시각 · 출항장소 · 출항예정시각 · 목적지 ○ 출항시(출항즉시) · 선박명 · 출항시각

구 분		관제통신 시점 및 지점	관제통신 내용
			· 출항장소 ○ 출항시(하선시) · 선박명 · 도선사 번호 · 하선시각
부산항 구역	선박 이동	○ 이동예정 10분 전	· 선박명, 호출부호 · 이동예정시각 · 이동예정장소
		○ 이동 시작	· 선박명 · 이동시각 및 장소
		○ 이동 완료	· 선박명 · 이동완료시각 · 이동완료장소
	도선사 승선 · 하선	○ 제1도선점(승선구역): 다음의 각 지점을 순차적으로 연결한 선 안의 해면 01. N 35° 05′ 00″, E 129° 08′ 27″ 02. N 35° 05′ 00″, E 129° 10′ 00″ 03. N 35° 03′ 20″, E 129° 10′ 00″ 04. N 35° 04′ 15″, E 129° 07′ 58″ ○ 제1하선구역 : 조도방파제로부터 0.3마일 밖 출항항로 해역	· 선박명 · 도선사 성명(약호) · 목적지 · 도선점 밖 동행여부 등 그 밖의 사항
		○ 제2도선점(승선구역): 다음의 각 지점을 순차적으로 연결한 선 안의 해면 01. N 35° 02′ 34″, E 129° 01′ 50″ 02. N 35° 02′ 30″, E 129° 02′ 19″ 03. N 35° 01′ 42″, E 129° 02′ 38″ 04. N 35° 01′ 34″, E 129° 01′ 57″ 05. N 35° 01′ 56″, E 129° 01′ 33″ ○ 제2도선점(하선구역) : 서방파제로부터 0.3마일 밖 출항항로 해역	· 선박명 · 도선사 성명(약호) · 목적지 · 도선점 밖 동행여부 등 그 밖의 사항
		○ 기상악화시 부산항 도선사 승선구역: 다음의 각 지점을 순차적으로 연결한 선 안의 해면 01. N 35° 05′ 36″, E 129° 05′ 21″ 02. N 35° 05′ 19″, E 129° 05′ 51″ 03. N 35° 05′ 14″, E 129° 05′ 47″ 04. N 35° 05′ 31″, E 129° 05′ 17″ (제2번 부표로부터 내측 0.5마일내의 구간) ○ 기상악화시 부산항 도선사 하선구역: 다음의 각 지점을 순차적으로 연결한 선 안의 해면 01. N 35° 05′ 44″, E 129° 04′ 56″ 02. N 35° 05′ 25″, E 129° 05′ 26″ 03. N 35° 05′ 23″, E 129° 05′ 22″ 04. N 35° 05′ 39″, E 129° 04′ 52″ (제2번 부표로부터 외측 0.5마일내의 구간)	· 선박명 · 도선사 성명(약호) · 목적지 · 도선점 밖 동행여부 등 그 밖의 사항

구	분	관제통신 시점 및 지점	관제통신 내용
부산신항 구역	선박 이동	○ 이동예정 10분 전	· 선박명, 호출부호 · 이동예정시각 · 이동예정장소
		○ 이동 시작	· 선박명 · 이동시각 및 장소
		○ 이동 완료	· 선박명 · 이동완료시각 · 이동완료장소
	도선사 승선·하선	○ 승선구역: 다음의 각 지점을 순차적으로 연결한 선 안의 해면 01. N 34° 57′ 36″, E 128° 49′ 50″ 02. N 34° 57′ 21″, E 128° 49′ 06″ 03. N 34° 58′ 45″, E 128° 48′ 30″ 04. N 34° 58′ 58″, E 128° 49′ 10″ ○ 하선구역: 다음의 각 지점을 순차적으로 연결한 선 안의 해면 01. N 34° 59′ 33″, E 128° 48′ 04″ 02. N 34° 59′ 23″, E 128° 47′ 25″ 03. N 35° 00′ 22″, E 128° 47′ 12″ 04. N 35° 00′ 40″, E 128° 47′ 36″ ○ 기상악화시 승선구역 : 다음의 각 지점을 순차적으로 연결한 선 안의 해면 01. N 34° 59′ 12″, E 128° 49′ 03″ 02. N 34° 59′ 00″, E 128° 48′ 26″ 03. N 35° 00′ 42″, E 128° 47′ 39″ 04. N 35° 01′ 04″, E 128° 48′ 06″	· 선박명 · 도선사 성명(약호) · 도선사 승선(하선) 시각
마산항 구역	선박 이동	○ 이동예정 10분 전	· 선박명, 호출부호 · 이동예정시각 · 이동예정장소
		○ 이동 시작	· 선박명 · 이동시각 및 장소
		○ 이동 완료	· 선박명 · 이동완료시각 · 이동완료장소
	도선사 승선·하선	○ 마산 도선점(총톤수 5,000톤 이상) -승선구역: 다음의 각 지점을 순차적으로 연결한 선 안의 해면 01. N 34° 57′ 36″, E 128° 49′ 50″ 02. N 34° 57′ 21″, E 128° 49′ 06″ 03. N 34° 58′ 45″, E 128° 48′ 30″ 04. N 34° 58′ 58″, E 128° 49′ 10″ -하선구역: 다음의 각 지점을 순차적으로 연결한 선 안의 해면 01. N 34° 59′ 39″, E 128° 48′ 02″ 02. N 34° 59′ 23″, E 128° 47′ 28″	· 선박명 · 승선·하선 시각 및 지점 · 도선사 성명(약호)

구 분		관제통신 시점 및 지점	관제통신 내용
		03. N 35° 00′ 20″ , E 128° 47′ 08″ 04. N 35° 00′ 38″ , E 128° 47′ 36″ -기상악화시 승선 · 하선구역: 다음의 각 지점을 순차적으로 연결한 선 안의 해면 01. N 34° 59′ 12″ , E 128° 49′ 03″ 02. N 34° 59′ 00″ , E 128° 48′ 26″ 03. N 35° 00′ 42″ , E 128° 47′ 39″ 04. N 35° 01′ 04″ , E 128° 48′ 06″ ○ 마산항 제1도선점(총톤수 1,000톤 이상부터 5,000톤 미만의 선박) -평시 승선 · 하선점: N 35° 02' 45" , E 128° 44' 34" -기상악화시 승선 · 하선점: N 35° 03' 48" , E 128° 41' 24" ○ 마산항 제2도선점(총톤수 1,000톤 미만의 마산항 입 · 출항 선박) -N 35° 08' 42" , E 128° 36' 18" ○ 마산항 제3도선점(총톤수 1,000톤 미만의 진해항 입 · 출항 선박) -N 35° 04' 11" , E 128° 42' 07" ○ 마산항 제4도선점(총톤수 1,000톤 미만의 고현항 입 · 출항 선박) -N 34° 55' 26" , E 128° 33' 52" ○ 마산항 제5도선점(총톤수 1,000톤 이상의 옥포항 입 · 출항 선박) -평시 승선 · 하선점: N 34° 56' 16" , E 128° 45' 46" -기상악화시 승선 · 하선점: N 35° 02' 45" , E 128° 44' 34" -기상악화시 하선구역: 옥포항 방파제 통과 후 ○ 마산항 제6도선점(총톤수 1,000톤 미만의 옥포항 입 · 출항 선박) -평시 승선 · 하선구역: N 34° 54' 15" , E 128° 43' 44" -기상악화시 승선구역: N 35° 02' 45" , E 128° 44' 34" -기상악화시 하선구역: 옥포항 방파제 통과 후 ○ 마산항 제8도선점(지세포항 입 · 출항 선박) -N 34° 49' 11" , E 128° 48' 52" ○ 마산항 제9도선점(안정 LNG 부두 입·출항 선박) -N 34° 56' 11" , E 128° 50' 12" ※ 각 도선점을 기준으로 반경 1마일내수역을 도선사 승선 · 하선 구역으로 한다.	

구 분		관제통신 시점 및 지점	관제통신 내용
동해항 구역	선박 이동	○ 이동예정 10분 전	· 선박명, 호출부호 · 이동예정시각 · 이동예정장소
		○ 이동 시작	· 선박명 · 이동시각 및 장소
		○ 이동 완료	· 선박명 · 이동완료시각 · 이동완료장소
	도선사 승선 · 하선	○ 동해항 도선구 6개항 도선점 -제1도선점(묵호항) N37°32′40″, E129°09′02″ -제2도선점(동해항) N37°29′42″, E129°11′30″ -제3도선점(삼척항) N37°25′40″, E129°12′52″ -제4도선점(옥계항) N37°37′22″, E129°06′22″ -제5도선점(속초항) N38°11′25″, E128°37′22″ -제6도선점(호산항) N37°11′40″, E129°24′30″ ※ 도선사의 승선·하선 구역은 각 도선점을 기준으로 반경 0.5마일로 한다. 다만, 각 항만 내에서의 이동 시에는 도선사 승선·하선 구역을 별도로 설정하지 않는다.	○ 입항시 · 선박명, 호출부호 · 도선사 성명(약호) · 승선·하선시각 · 접안예정장소 · 접안장소 · 접안시각 · 하선시각 ○ 출항시 · 선박명, 호출부호 · 도선사 성명(약호) · 승선시각 · 출항장소 · 출항시각 · 차항지(정박지) · 하선시각
포항항 구역	선박 이동	○ 이동예정 10분 전	· 선박명, 호출부호 · 이동예정시각 · 이동예정장소
		○ 이동 시작	· 선박명 · 이동시각 및 장소
		○ 이동 완료	· 선박명 · 이동완료시각 · 이동완료장소
	도선사 승선 · 하선	○ 승선구역 -N 36° 06′ 11″, E 129° 29′ 52″ 지점에서 반경 2마일 이내의 해역 ○ 신항 하선구역 -신항분리항로 A호 등부표로부터 1마일 범위의 안전한 해역 ○ 구항 하선구역 -N 36° 02′ 38.9″, E 129° 24′ 08.3″ 지점에서 반경 300m 이내의 해역	○ 입항시 · 선박명, 호출부호 · 도선사 성명(약호) · 승선시각 · 접안예정장소 (접안, 정박시) · 접안(정박)장소 · 접안(정박)시각 · 하선시각

<table>
<tr><th colspan="2">구 분</th><th>관제통신 시점 및 지점</th><th>관제통신 내용</th></tr>
<tr><td></td><td></td><td>○ 영일만항 하선구역
-영일만항 분리항로 등부표로부터 1마일 범위</td><td>○ 출항시
· 선박명, 호출부호
· 도선사 성명(약호)
· 승선시각
· 출항장소
· 목적지
· 출항시각
· 하선시각</td></tr>
<tr><td rowspan="6">제주항
구역</td><td rowspan="3">선박
이동</td><td>○ 이동예정 10분 전</td><td>· 선박명, 호출부호
· 이동예정시각
· 이동예정장소</td></tr>
<tr><td>○ 이동 시작</td><td>· 선박명
· 이동시각 및 장소</td></tr>
<tr><td>○ 이동 완료</td><td>· 선박명
· 이동완료시각
· 이동완료장소</td></tr>
<tr><td rowspan="3">도선사
승선 ·
하선</td><td>○ 제주항 승선 · 하선 구역
-N 33° 34' 00", E 126° 33' 00"를 기점으로 한 반경 0.3마일 이내의 해역</td><td rowspan="3">· 선박명, 호출부호
· 도선사 성명(약호)
· 승선·하선 시각 및 지점
· 목적지(입항시)
· 차항지(출항시</td></tr>
<tr><td>○ 애월항 승선 · 하선 구역
-N 33° 31' 00", E 126° 21' 18"를 기점으로 한 반경 0.3마일 이내의 해역
※ 애월항 승선 · 하선 구역에서는 LNG 운반선 대상으로 한정한다.</td></tr>
<tr><td>○ 서귀포항 강정지구 승선 · 하선 구역
-N 33° 12' 00", E 126° 31' 00"를 기점으로 한 반경 0.3마일 이내의 해역</td></tr>
</table>

라 [별표4] 관제대상선박 신고 방법

선박교통관제구역별 관제대상선박 신고 방법(제7조 제2항 관련)

구 분		신고시점	신고내용
경인연안 구역	진입 신고	○ 관제구역 진입시	· 선박명, 호출부호, 통과위치 · 입항예정시각 및 입항장소 ※ 선박교통관제구역 안에 있는 정박지 또는 계류시설에 입항하는 선박에 한함 · 그 밖에 항행안전에 필요한 사항
	진출 신고	○ 관제구역 진출시	· 선박명, 통과위치 · 출항예정시각, 출항시각 · 장소 ※ 선박교통관제구역 안에 있는 정박지 또는 계류시설에서 출항하는 선박에 한함 · 그 밖에 항행안전에 필요한 사항
태안연안 구역	진입 신고	○ 관제구역 진입시	· 선박명, 호출부호, 통과위치 · 입항예정시각 및 입항장소 ※ 선박교통관제구역 안에 있는 정박지 또는 계류시설에 입항하는 선박에 한함 · 그 밖에 항행안전에 필요한 사항
	진출 신고	○ 관제구역 진출시	· 선박명, 통과위치 · 출항예정시각 및 출항시각 · 장소 ※ 선박교통관제구역 안에 있는 정박지 또는 계류시설에서 출항하는 선박에 한함 · 그 밖에 항행안전에 필요한 사항
대산항 구역	진입 신고	○ 관제구역 진입시 ※ 대산 · 장안 · 보령 VTS 관제구역으로 진입하는 경우	· 선박명, 호출부호, 통과위치 · 입항예정시각 및 입항장소 ※ 선박교통관제구역 안에 있는 정박지 또는 계류시설에 입항하는 선박에 한함 · 그 밖에 항행안전에 필요한 사항
		○ 말륙도 통과시 ※ 당진화력부두로 진입하는 경우	· 선박명 · 통과위치
		○ 정박지 또는 계류시설 입항시 ○ 장안서 제2입항 대기묘박지 투묘 시	· 선박명, 호출부호 · 입항시각 및 입항장소
	진출 신고	○ 출항예정 10분 전	· 선박명, 호출부호 · 현재 위치 · 출항예정시각 · 그 밖에 항행안전에 필요한 사항
		○ 출항 즉시	· 선박명, 호출부호 · 출항시각 및 출항시각 · 목적지

구 분	신고시점		신고내용
			· 그 밖에 항행안전에 필요한 사항
		○ 관제구역 진출시	· 선박명 · 통과위치
평택·당진항 구역	진입신고	○ 관제구역 진입시	· 선박명, 호출부호, 통과위치 · 입항예정시각 및 입항장소 ※ 선박교통관제구역 안에 있는 정박지 또는 계류시설에 입항하는 선박에 한함 · 수면상 최고높이 ※ 선박의 수면상 최고높이가 62미터 이상으로 서해대교를 통과하는 경우 · 그 밖에 항행안전에 필요한 사항
		○ 정박지 또는 계류시설 입항시	· 선박명, 호출부호 · 입항시각 및 입항장소
	진출신고	○ 출항예정 10분전	· 선박명, 호출부호 · 현재 접안(정박) 위치 · 출항예정시각 · 수면상 최고높이 ※ 선박의 수면상 최고높이가 62미터 이상으로 서해대교를 통과하는 경우
		○ 출항 즉시	· 선박명, 호출부호 · 출항시각 및 출항장소 · 목적지 · 그 밖에 항행안전에 필요한 사항
		○ 관제구역 진출시	· 선박명 · 통과위치
인천항 구역	진입신고	○ 관제구역 진입시 ※ 장안서 관제구역 통과선박의 경우 장안서 등표 2마일 전	· 선박명, 호출부호, 통과위치 · 입항예정시각 및 입항장소 ※ 선박교통관제구역 안에 있는 정박지 또는 계류시설에 입항하는 선박에 한함 · 수면상 최고높이 ※ 선박의 수면상 최고높이가 50미터 이상으로 인천대교를 통과하는 경우 · 인천대교 통과예정시각(VLCC, 초대형 크루즈선) · 북장자서 통과예정시각(LNG선) · 그 밖에 항행안전에 필요한 사항
		○ 정박지 또는 계류시설 입항시	· 선박명, 호출부호 · 입항시각, 입항장소
	진출신고	○ 출항예정 10분 전	· 선박명, 호출부호 · 출항예정시각, 출항장소 · 수면상 최고높이 ※ 선박의 수면상 최고높이가 50미터 이상으로써 인천대교를 통과하는 경우 · 인천대교 통과예정시각(VLCC, 초대형 크루즈선) · 북장자서 통과예정시각(LNG선)

구 분	신고시점		신고내용
		○ 출항 즉시	· 선박명, 호출부호 · 출항시각 및 출항장소
		○ 관제구역 진출시	· 선박명 · 통과위치
경인항 구역	진입 신고	○ 관제구역 진입시	· 선박명, 호출부호, 통과위치 · 입항예정시각 및 입항장소 ※ 선박교통관제구역 안에 있는 정박지 또는 계류시설에 입항하는 선박에 한함 · 갑문 도착예정시각 · 수면상 최고높이 ※ 선박의 수면상 높이가 30미터를 초과하고 영종대교를 통과하는 경우 · 선폭 및 최대흘수 ※ 서해갑문 또는 경인아라뱃길을 이용하는 선박의 경우 · 그 밖에 항행안전에 필요한 사항
		○ 정박지 또는 계류시설 입항시	· 선박명, 호출부호 · 입항시각 및 입항장소
	진출 신고	○ 출항예정 10분 전	· 선박명, 호출부호 · 출항예정시각 · 출항장소 · 목적지 · 수면상 최고높이 ※ 선박의 수면상 높이가 30미터를 초과하고 영종대교를 통과하는 경우
		○ 출항 즉시	· 선박명 · 출항시각 및 출항장소 · 수면상 최고높이 ※ 선박의 수면상 높이가 30미터를 초과하고 영종대교를 통과하는 경우
		○ 관제구역 진출시	· 선박명, 통과위치
진도연안 구역	진입 신고	○ 관제구역 진입시	· 선박명, 호출부호, 통과위치 · 목적지 · 입항예정시각, 입항장소 ※ 선박교통관제구역 안에 있는 정박지 또는 계류시설에 입항하는 선박에 한함 · 그 밖에 항행안전에 필요한 사항
	진출 신고	○ 관제구역 진출시	· 선박명, 통과위치 · 출항예정시각, 출항 장소 ※ 선박교통관제구역 안에 있는 정박지 또는 계류시설에서 출항하는 선박에 한함
여수연안 구역	진입 신고	○ 관제구역 진입시	· 선박명, 호출부호, 통과위치 · 목적지 · 입항예정시각, 입항장소 ※ 선박교통관제구역 안에 있는 정박지 또는 계류시설에 입항하는 선박에 한함 · 그 밖에 항행안전에 필요한 사항

<table>
<tr><th>구 분</th><th colspan="2">신고시점</th><th>신고내용</th></tr>
<tr><td></td><td>진출
신고</td><td>○ 관제구역 진출시</td><td>· 선박명, 통과위치
· 출항예정시각, 출항시각 및 장소
※ 선박교통관제구역 안에 있는 정박지 또는 계류시설에서 출항하는 선박에 한함</td></tr>
<tr><td rowspan="5">여수·광양항 구역</td><td rowspan="2">진입
신고</td><td>○ 서쪽 방면에서 진입시
-1차: 관제구역 진입시
-2차: 돌산 대단
-3차: 북측 위치보고선
○ 동쪽 방면에서 진입시
-1차: 남해대교
-2차: 하동항로 제5호 등부표
-3차: 북측 위치보고선
○ 남쪽 방면(외항)에서 진입시
-1차: 관제구역 진입시
-2차: 남측 위치보고선
-3차: 북측 위치보고선

· 북측 위치보고선 : N 34° 48′ 26″
· 남측 위치보고선 : N 34° 35′ 00″
· 동측 위치보고선 : E 128° 00′ 00″</td><td>○ 1차 보고내용
· 선박명, 호출부호, 통과위치
· 목적지, 통과위치
· 입항예정시각, 입항장소
※ 선박교통관제구역 안에 있는 정박지 또는 계류시설에 입항하는 선박에 한함
· 그 밖에 항행안전에 필요한 사항
○ 2 · 3차 보고내용
· 선박명, 통과 위치</td></tr>
<tr><td>○ 정박지 또는 계류시설 입항 시</td><td>· 선박명, 호출부호
· 현재 위치
· 입항시각, 입항장소</td></tr>
<tr><td rowspan="3">진출
신고</td><td>○ 출항예정 10분 전</td><td>· 선박명, 현재 위치, 목적지</td></tr>
<tr><td>○ 출항 즉시</td><td>· 선박명, 호출부호
· 출항시각, 출항장소, 목적지</td></tr>
<tr><td>○ 서쪽 방면 진출시
-1차: 북측위치보고선
-2차: 돌산 대단
○ 동쪽 방면 진출시
-1차: 하동항로 제5호 부표
-2차: 남해대교
○ 남쪽(외항) 방면 진출시
-1차: 북측위치보고선
-2차: 남측 또는 동측위치 보고선</td><td>· 선박명, 통과위치</td></tr>
<tr><td>완도항 구역</td><td>진입
신고</td><td>○ 관제구역 진입시</td><td>· 선박명, 호출부호, 통과위치
· 목적지
· 입항예정시각, 입항장소
※ 선박교통관제구역 안에 있는 정박지 또는 계류시설에 입항하는 선박에 한함</td></tr>
</table>

<table>
<tr><th>구 분</th><th colspan="2">신고시점</th><th>신고내용</th></tr>
<tr><td></td><td></td><td></td><td>· 그 밖에 항행안전에 필요한 사항</td></tr>
<tr><td></td><td></td><td>○ 정박지 또는 계류시설 입항 시</td><td>· 선박명, 호출부호
· 입항시각, 입항장소</td></tr>
<tr><td></td><td>진출 신고</td><td>○ 출항예정 10분 전</td><td>· 선박명, 현재 위치, 목적지</td></tr>
<tr><td></td><td></td><td>○ 출항 즉시</td><td>· 선박명, 호출부호
· 출항시각, 출항장소, 목적지</td></tr>
<tr><td></td><td></td><td>○ 관제구역 진출시</td><td>· 선박명
· 통과위치</td></tr>
<tr><td>목포항 구역</td><td>진입 신고</td><td>○ 관제구역 진입시</td><td>· 선박명, 호출부호, 통과위치
· 목적지
· 입항예정시각, 입항장소
※ 선박교통관제구역 안에 있는 정박지 또는 계류시설에 입항하는 선박에 한함
· 그 밖에 항행안전에 필요한 사항</td></tr>
<tr><td></td><td></td><td>○ 정박지 또는 계류시설 입항시</td><td>· 선박명, 호출부호
· 입항시각, 입항장소</td></tr>
<tr><td></td><td>진출 신고</td><td>○ 출항예정 10분 전</td><td>· 선박명, 현재 위치, 목적지</td></tr>
<tr><td></td><td></td><td>○ 출항 즉시</td><td>· 선박명, 호출부호
· 출항시각, 출항장소, 목적지</td></tr>
<tr><td></td><td></td><td>○ 관제구역 진출시</td><td>· 선박명
· 통과위치</td></tr>
<tr><td>군산항 구역</td><td>진입 신고</td><td>○ 관제구역 진입시</td><td>· 선박명, 호출부호, 통과위치
· 목적지
· 입항예정시각, 입항장소
※ 선박교통관제구역 안에 있는 정박지 또는 계류시설에 입항하는 선박에 한함
· 그 밖에 항행안전에 필요한 사항</td></tr>
<tr><td></td><td></td><td>○ 정박지 또는 계류시설 입항시</td><td>· 선박명, 호출부호
· 현재 위치
· 입항시각, 입항장소</td></tr>
<tr><td></td><td>진출 신고</td><td>○ 출항 10분 전</td><td>· 선박명, 현재 위치, 목적지</td></tr>
<tr><td></td><td></td><td>○ 출항 즉시</td><td>· 선박명, 호출부호
· 출항시각, 출항장소, 목적지</td></tr>
<tr><td></td><td></td><td>○ 관제구역 진출시</td><td>· 선박명
· 통과위치</td></tr>
</table>

구 분	신고시점		신고내용
통영연안 구역	진입 신고	○ 관제구역 진입시	· 선박명, 호출부호, 통과위치 · 출항지, 목적지 ※ 목적지가 관제구역 내 항만 또는 정박지에 입항하는 경우에는 목적지, 입항예정시각, 입항장소
		○ 정박지 또는 계류시설 입항시	· 선박명, 호출부호 · 입항시각 및 입항장소
	진출 신고	○ 출항예정 10분 전	· 선박명, 호출부호 · 출항예정시각 · 출항장소 · 목적지
		○ 출항 즉시	· 선박명 · 출항시각 및 출항장소
		○ 관제구역 진출시	· 선박명 · 통과위치
울산항 구역	진입 신고	○ 관제구역 진입시	· 선박명, 호출부호 · 출항지, 목적지 · 진입위치(보고선 명칭) ※ 목적지가 관제구역 내 항만 또는 정박지에 입항하는 경우에는 목적지, 입항예정시각, 입항장소
		○ 정박지 또는 계류시설 입항시	· 선박명, 호출부호 · 입항시각 및 입항장소
	진출 신고	○ 출항예정 10분 전	· 선박명, 호출부호 · 출항예정시각 · 출항장소 · 목적지
		○ 출항 즉시	· 선박명 · 출항시각 및 출항장소
		○ 관제구역 진출시	· 선박명 · 통과위치
부산항 구역	진입 신고	○ 관제구역 진입시	• 선박명, 호출부호, 통과위치 • 출항지, 목적지 ※ 목적지가 관제구역 내 항만 또는 정박지에 입항하는 경우에는 목적지, 입항예정시각, 입항장소
		○ 정박지 또는 계류시설 입항 시	· 선박명, 호출부호 · 입항시각 및 입항장소

구 분	신고시점		신고내용
	진출 신고	○ 출항예정 10분 전	· 선박명, 호출부호 · 출항예정시각 · 출항장소 · 목적지
		○ 출항 즉시	· 선박명 · 출항시각 및 출항장소
		○ 관제구역 진출시	· 선박명 · 통과위치
부산신항 구역	진입 신고	○ 관제구역 진입시	· 선박명, 호출부호, 통과위치 · 출항지, 목적지 ※ 목적지가 관제구역 내 항만 또는 정박지에 입항하는 경우에는 목적지, 입항예정시각, 입항장소
		○ 정박지 또는 계류시설 입항 시	· 선박명, 호출부호 · 입항시각 및 입항장소
	진출 신고	○ 출항예정 10분 전	· 선박명, 호출부호 · 출항예정시각 · 출항장소 · 목적지
		○ 출항 즉시	· 선박명 · 출항시각 및 출항장소
		○ 관제구역 진출시	· 선박명 · 통과위치
마산항 구역	진입 신고	○ 관제구역 진입시	· 선박명, 호출부호, 통과위치 · 출항지, 목적지 ※ 목적지가 관제구역 내 항만 또는 정박지에 입항하는 경우에는 목적지, 입항예정시각, 입항장소
	진출 신고	○ 출항예정 10분 전	· 선박명, 호출부호 · 출항예정시각 · 출항장소 · 목적지
		○ 출항 즉시	· 선박명 · 출항시각, 출항장소
		○ 관제구역 진출시	· 선박명 · 통과 위치
동해항 구역	진입 신고	○ 관제구역 진입시	· 선박명, 호출부호 · 출항지, 차항지 · 화물종류 및 적재량 · 입항예정시각 ※ 통과선박의 경우 입항예정시각은 신고에서 제외 · 그 밖에 항행안전에 필요한 사항

구 분	신고시점		신고내용
		○ 차항지 항만구역의 수상구역 도착 2마일 전 지점	· 선박명 · 정박지 또는 계류시설
		○ 정박지 또는 계류시설 입항시	· 정박지 또는 계류시설 · 입항시각, 입항장소
	진출 신고	○ 출항예정 10분 전	· 현재 정박지 또는 접안장소
		○ 출항 즉시	· 선박명, 호출부호 · 출항시각 및 출항장소 · 차항지 · 화물종류 및 적재량 · 그 밖에 항행안전에 필요한 사항
		○ 관제구역 진출시	· 선박명 · 통과위치
포항항 구역	진입 신고	○ 관제구역 진입시	· 선박명, 호출부호 · 출항지, 차항지, 통과위치 · 입항예정시각 ※ 통과선박의 경우 입항예정시각은 신고에서 제외 · 그 밖에 항행안전에 필요한 사항 · 화물종류 및 화물량(투묘차 진입하는 경우)
		○ 정박지 또는 계류시설 입항시	· 선박명, 호출부호 · 입항시각 및 입항장소
	진출 신고	○ 이안 또는 양묘 전	· 선박명, 호출부호 · 출항예정시각 · 출항장소 · 화물종류 및 화물량(투묘차 이동하는 경우)
		○ 이안 또는 양묘 즉시	· 선박명 · 출항시각 및 출항장소 · 목적지 · 그 밖에 항행안전에 필요한 사항
		○ 관제구역 진출시	· 선박명 · 통과위치
제주항 구역	진입 신고	○ 관제구역 진입시 ※ 서귀포항 강정지구 입항선박의 경우 항만구역의 수상구역 경계선 도착 1시간 전 또는 관제구역 진입시	· 선박명, 호출부호 · 출항지, 차항지, 통과위치 · 입항예정시각 · 화물종류 및 적재량 · 승선인원 · 그 밖에 항행안전에 필요한 사항 ※ 통과선박의 경우 신고내용 중 입항예정시각, 화물종류 및 적재량은 제외함

구 분		신고시점	신고내용
		○ 산지 등대로부터 5마일 전 ※ 선박이 제주항으로 입항하는 경우에 한함	· 선박명, 통과위치
		○ 정박지 또는 계류시설 입항시	· 선박명, 호출부호 · 입항시각 및 입항장소
	진출 신고	○ 출항예정 30분 전 ○ 출항예정 5분 전	· 선박명, 호출부호 · 출항예정시각
		○ 출항 즉시	· 선박명, 호출부호 · 출항시각 및 출항장소 · 목적지 · 승선인원 · 화물종류 및 적재량
		○ 관제구역 진출시	· 선박명 · 통과위치

마 [별표5] 선박교통관제관서별 관제통신 제원

<u>선박교통관제관서별 관제통신 제원</u>(제10조 관련)

구 분		호출부호 (명칭)	관제통신 제원			운용시간
			관제통신시설	조난·긴급·안전 통신용 채널	관제통신용 채널	
경인연안 구역		경인 연안 브이티에스 또는 Gyeongin Coastal VTS	초단파 무선전화	CH 16	CH 71	24 시간
			디지털 선택호출장치 (VHF/DSC)	CH 70		24 시간
태안연안 구역		태안 연안 브이티에스 또는 Taean Coastal VTS	초단파 무선전화	CH 16	CH 09	24 시간
			디지털 선택호출장치 (VHF/DSC)	CH 70		24 시간
대산항 구역	대산항	대산 브이티에스 또는 Daesan VTS	초단파 무선전화	CH 16	CH 12	24 시간
			디지털 선택호출장치 (VHF/DSC)	CH 70		24 시간
		장안 브이티에스 또는 Jangan VTS	초단파 무선전화	CH 16	CH 67	24 시간
	보령항	보령 브이티에스 또는 Boryeong VTS	초단파 무선전화	CH 16	CH 69	24 시간
평택·당진항 구역		평택 브이티에스 또는 Pyeongtaek VTS	초단파 무선전화	CH 16	CH 10 CH 88 (예비 채널)	24 시간
			디지털 선택호출장치 (VHF/DSC)	CH 70		24 시간
인천항 구역		인천 브이티에스 또는 Incheon VTS	초단파 무선전화	CH 16	CH 14, 68	24 시간
			디지털 선택호출장치 (VHF/DSC)	CH 70		24 시간

구 분		호출부호 (명칭)	관제통신 제원			운용 시간
			관제통신시설	조난 · 긴급 · 안전 통신용 채널	관제통신용 채널	
경인항 구역		경인 브이티에스 또는 Gyeongin VTS	초단파 무선전화	CH 16	CH 09	24 시간
			디지털 선택호출장치 (VHF/DSC)	CH 70		24 시간
진도연안 구역		진도 연안 브이티에스 또는 Jindo Coastal VTS	초단파 무선전화	CH 16	CH 67	24 시간
			디지털 선택호출장치 (VHF/DSC)	CH 70		24 시간
여수연안 구역		여수 연안 브이티에스 또는 Yeosu Coastal VTS	초단파 무선전화	CH 16	CH 71	24 시간
			디지털 선택호출장치 (VHF/DSC)	CH 70		24 시간
여수 · 광양항 구역		여수 브이티에스 또는 Yeosu VTS	초단파 무선전화	CH 16	CH 10, 12, 67	24 시간
			디지털 선택호출장치 (VHF/DSC)	CH 70		24 시간
완도항 구역		완도 브이티에스 또는 Wando VTS	초단파 무선전화	CH 16	CH 10	24 시간
			디지털 선택호출장치 (VHF/DSC)	CH 70		24 시간
목포항 구역		목포 브이티에스 또는 Mokpo VTS	초단파 무선전화	CH 16	CH 14	24 시간
			디지털 선택호출장치 (VHF/DSC)	CH 70		24 시간
군산항 구역		군산 브이티에스 또는 Gunsan VTS	초단파 무선전화	CH 16	CH 12	24 시간
			디지털 선택호출장치 (VHF/DSC)	CH 70		24 시간
통영 연안 구역	통영 연안	통영 연안 브이티에스 또는 Tongyeong Coastal VTS	초단파 무선전화	CH 16	CH 69 CH 87,88	24 시간
			디지털 선택호출장치 (VHF/DSC)	CH 70		24 시간

구 분		호출부호 (명칭)	관제통신 제원			운용시간
			관제통신시설	조난 · 긴급 · 안전 통신용 채널	관제통신용 채널	
	삼천포항	삼천포 브이티에스 또는 Samcheonpo VTS	초단파 무선전화	CH 16	CH 69,87,88	24시간
	통영항	통영 브이티에스 또는 Tongyeong VTS	초단파 무선전화	CH 16	CH 69,87,88	24시간
울산항 구역		울산 브이티에스 또는 Ulsan VTS	초단파 무선전화	CH 16	CH 14	24시간
			디지털 선택호출장치 (VHF/DSC)	CH 70		24시간
부산항 구역		부산 브이티에스 또는 Busan VTS	초단파 무선전화	CH 16	CH 09, 12	24시간
			디지털 선택호출장치 (VHF/DSC)	CH 70		24시간
부산신항 구역		부산신항 브이티에스 또는 Busan new port VTS	초단파 무선전화	CH 16	CH 10	24시간
			디지털 선택호출장치 (VHF/DSC)	CH 70		24시간
마산항 구역	마산항	마산 브이티에스 또는 Masan VTS	초단파 무선전화	CH 16	CH 14	24시간
			디지털 선택호출장치 (VHF/DSC)	CH 70		24시간
	옥포항	옥포 브이티에스 또는 Okpo VTS	초단파 무선전화	CH 16	CH 67	24시간
			디지털 선택호출장치 (VHF/DSC)	CH 70		24시간
동해항 구역	동해항	동해 브이티에스 또는 Donghae VTS	초단파 무선전화	CH 16	CH 12	24시간
			디지털 선택호출장치 (VHF/DSC)	CH 70		24시간
	속초항	속초 브이티에스 또는 Sokcho VTS	초단파 무선전화	CH 16	CH 14	24시간
			디지털 선택호출장치 (VHF/DSC)	CH 70		24시간

<table>
<tr><th colspan="2" rowspan="2">구 분</th><th rowspan="2">호출부호
(명칭)</th><th colspan="3">관제통신 제원</th><th rowspan="2">운용
시간</th></tr>
<tr><th>관제통신시설</th><th>조난 · 긴급 · 안전
통신용 채널</th><th>관제통신용
채널</th></tr>
<tr><td rowspan="2"></td><td rowspan="2">호산항</td><td rowspan="2">호산
브이티에스
또는
Hosan VTS</td><td>초단파 무선전화</td><td>CH 16</td><td>CH 14</td><td>24
시간</td></tr>
<tr><td>디지털 선택호출장치
(VHF/DSC)</td><td>CH 70</td><td></td><td>24
시간</td></tr>
<tr><td colspan="2" rowspan="2">포항항
구역</td><td rowspan="2">포항
브이티에스
또는
Pohang
VTS</td><td>초단파 무선전화</td><td>CH 16</td><td>CH 06, 12</td><td>24
시간</td></tr>
<tr><td>디지털 선택호출장치
(VHF/DSC)</td><td>CH 70</td><td></td><td>24
시간</td></tr>
<tr><td rowspan="3">제주항
구역</td><td rowspan="2">제주항</td><td rowspan="2">제주
브이티에스
또는
Jeju VTS</td><td>초단파 무선전화</td><td>CH 16</td><td>CH 12</td><td>24
시간</td></tr>
<tr><td>디지털 선택호출장치
(VHF/DSC)</td><td>CH 70</td><td></td><td>24
시간</td></tr>
<tr><td>서귀포항</td><td>서귀포
브이티에스
또는
Seogwipo
VTS</td><td>초단파 무선전화</td><td>CH 16</td><td>CH 12</td><td>24
시간</td></tr>
</table>

※ 비고: 제2조에 따라 선박교통관제구역으로 지정이 되지 않은 속초항, 통영항, 서귀포항의 관제통신 제원은 해당 무역항의 수상구역 등에 출입하려는 선박의 단순 출입보고 접수 업무 용도로 사용한다.

해광
출판
해기

VTS와 함께 만들어 나가는 희망의 바다

선박운항자 교육

2025년 4월 20일 인쇄 정가 14,000원
2025년 4월 30일 발행

저 자 해양경찰청 (사)한국도선사협회 한국선주협회
표지디자인 송영미 ⓣ
발 행 인 조준형 http://www.hgbookpub.com
발 행 처 해광출판사 E-mail : munbookcokr@naver.com
주 소 부산광역시 중구 해관로 41-1 (중앙동2가)
전화번호 (051) 253-0001 팩스 (051) 245-1187
등 록 제 2012-000005호

※ 본 도서는 〈공공데이터 제공 및 이용 활성화에 관한 법률〉을 근거로 출판되었습니다.

ISBN 979-11-6881-803-3